JIYU JIQI XUEXI DE
CIPAN GUZHANG YUCE YANJIU

基于机器学习的
磁盘故障预测研究

江天明◎著

Wuhan University Press
武汉大学出版社

图书在版编目（CIP）数据

基于机器学习的磁盘故障预测研究 / 江天明著 . —武汉：武汉大学
出版社，2022.1
ISBN 978-7-307-22615-9

Ⅰ . 基… Ⅱ . 江… Ⅲ . 磁盘存贮器—故障诊断 Ⅳ . TP333.3

中国版本图书馆 CIP 数据核字（2021）第 200435 号

责任编辑：黄朝昉　　　　责任校对：孟令玲　　　　版式设计：星辰创意

出版发行：武汉大学出版社　　（430072　武昌　珞珈山）
　　　　　（电子邮箱：cbs22@whu.edu.cn 网址：www.wdp.com.cn）
印刷：廊坊市海涛印刷有限公司
开本：710×1000　1/16　　　印张：6.75　　　字数：120 千字
版次：2022年1月第1版　　　2022年1月第1次印刷
ISBN　978-7-307-22615-9　　　定价：38.00 元

序

随着互联网时代的到来，数据规模的快速增长给存储带来了巨大挑战。磁盘凭借其容量大、价格低等优势，被广泛用于数据中心存储。然而，磁盘属于复杂的机械、电子设备，维持其高可靠性很具挑战。磁盘故障预测技术可对即将发生的磁盘故障进行预测，在磁盘故障发生之前，主动地对这些磁盘中的数据进行迁移，达到提高可靠性并降低维护开销的目的。但该技术仍存在如下问题亟待解决：①由于缺乏故障磁盘样本，导致基于有监督分类模型的磁盘故障预测方法存在适用性受限的问题；②仅使用预测准确率衡量预测方法的好坏，缺少对预测错误代价的评估；③基于扇区故障预测对存在潜在扇区故障的磁盘进行提升频率的扫描检测，导致维护开销增加。

针对以上三个问题，笔者的主要工作包括如下三个方面：

首先，针对基于有监督分类模型的磁盘故障预测方法存在适用性受限的问题，提出了基于异常检测模型的磁盘故障预测方法 SPA。SPA 将故障磁盘样本当作异常，仅利用健康磁盘样本进行模型训练，解决了模型冷启动问题。另外，通过构建二维 SMART 数据类图（image-like）表示，结合深度神经网络，能够自动挖掘 SMART 数据特征。同时，利用深度神经网络的微调特性实现模型更新，解决了模型老化问题。基于 Backblaze 真实数据集合的实验结果显示，SPA 能够在磁盘使用的整个生命周期达到 1% 的误报率和 99% 的故障检测率。实验结果证明基于异常检测的 SPA 能够克服已有故障预测方法适用性受限的问题。

其次，针对缺少预测错误代价评估指标的问题，提出了磁盘故障预测错误代价优化方法 VCM。从降低可靠性维护开销的角度出发，VCM 将错误预测代价引入磁盘故障预测中，并通过代价敏感学习来降低错误预测代价。具体来说，VCM 为误报和漏报分配不同的错误预测代价权重，构建代价敏感学习的损失函数。然后利用阈值滑动策略，选择取得最小代价的预测阈值。基于 Backblaze 和百度真实数据集合的实验结果显示，相较于对代价不感知的方法，VCM 能够减少最高 22%

的预测错误代价。实验结果证明了代价敏感学习对缩减预测错误代价的有效性。

最后，针对基于扇区故障预测的扫描检测方法导致扫描检测开销增加的问题，提出了自适应扫描检测方法 FAS。基于扇区故障预测结果，FAS 对存在扇区故障的磁盘提高扫描检测频率，对健康磁盘降低扫描检测频率。此外，针对周期性的扫描检测行为，提出了一种基于投票的映射方法来提升预测准确率。基于 Backblaze 真实数据集合的实验结果显示，相较于当前最优的扫描检测方法，FAS 在达到与前者相同可靠性的同时，能够减少最高 32% 的扫描检测开销。实验结果证明了扇区故障预测对降低扫描检测开销和提高数据可靠性的有效性。

本书受 2021 年华中师范大学中央高校基本科研业务费项目：基于机器学习的引文推荐可解释性研究（编号：CCNU21XJ020）和中国博士后科学基金项目：基于深度语义的引文推荐可解释性研究（编号：2021M701367）资助。

目 录

第1章 绪 论

本章首先介绍数据中心磁盘故障预测的研究背景，然后分析国内外相关研究的现状和不足，最后介绍本书的研究内容及组织结构。

1.1 数据中心磁盘故障预测的研究背景

1.1.1 数据中心——海量数据的栖息地

伴随着信息时代和大数据时代的到来，每年新产生的数据量呈现爆炸式增长的趋势。2018 年,分析调研机构国际数据公司 IDC(International Data Corporation) 发布了研究报告《世界数字化：从边缘到核心》(*The Digitization of the World: From Edge to Core*)[①]。在这份报告中,IDC 对 2010 年到 2018 年的每年新产生的数据量进行了统计，并对 2019 年直至 2025 年的每年新产生的数据量进行了预测。这份报告预测 2025 年全年数据生成量将达到 175ZB,将是 2018 年全年数据生成量 33ZB 的近 5 倍。

海量的数据中蕴藏着丰富的信息、知识和价值，特别是随着数字化和信息化的推进，越来越多的行业和城市运作与数据产生关联，人们的日常生活变得越来越离不开数据的支撑。在更近的 2019 年, 针对中国大数据产业,大数据产业生态联盟联合赛迪顾问发布了报告《2019 中国大数据产业发展白皮书》[②]。这份报告指出，随着数字中国和新型智慧城市项目的建设以及动能转换和经济社会的转型发

---

① https://www.seagate.com/files/www-content/our-story/trends/files/idc-seagate-dataage-whitepaper.pdf.

② http://www.cnki.com.cn/Article/CJFDTotal-HLWA2019Z2002.htm.

展的持续推动，2018 年中国大数据产业规模达到了 4 384.5 亿元，并预计 2021 年产业规模将超过 8 000 亿元。而这些数据大多存储在数据中心，为了满足海量数据的存储和服务需求，集存储、计算和传输为一体的基础设施——数据中心被大量建设[1]。

1.1.2 数据中心中磁盘可靠性威胁

目前，随着磁盘技术的不断发展，磁盘单盘容量越来越大，磁盘价格越来越便宜，满足了数据中心对存储容量的需求。有研究[2]指出，超过 90% 的数据存储在磁盘中。除了对存储容量和存储成本的需求外，不断增长的数据规模和不断提升的数据价值也对数据可靠性提出了更高的要求。数据已经成为与水电重要性相当的基本需求保证，数据一旦永久丢失或是暂时不可访问，将带来巨大的经济价值损失。但随着磁盘介质密度的不断增长和设备本身的复杂性的不断增加，磁盘本身的可靠性并未得到保障；同时数据的增长速度要远高于磁盘单盘容量的增长速度，致使磁盘存储系统中的磁盘数量显著增加，磁盘存储系统复杂性的增加也进一步加剧了对存储可靠性的威胁。

虽然科研人员和技术人员已经在提高数据可靠性和可用性上持续付出努力，但数据暂时不可用或数据丢失时有发生[3, 4]。2011 年，全球最具权威的 IT 调研和咨询服务公司 Gartner 通过调查发现，数据不可用 1 小时，60% 的公司的损失为 250 000 美元至 500 000 美元，1/6 的公司损失将高达 100 万美元或更多[5]。此外，在 2016 年，美国服务可靠性评估机构对美国 63 个数据中心在 12 个月的服务中断损失进行了分析，其研究报告显示，服务中断的平均成本从 2010 年的 505 502 美元稳步上升到 2015 年的 740 357 美元[6]。这些服务中断的发生并不是稀有事件，许多网站的数据中心，譬如亚马逊、脸谱网和谷歌均被报道发生过数据中心故障。其中，据 2013 年脸谱网的分析报告显示，其数据中心每天发生机器不可访问事故的中位数为 50 次[7]。

有分析指出，在微软的数据中心中有 78% 的硬件替换是由磁盘故障引起的[8]。更近的研究通过对百度在 2014—2017 年的硬件故障单数据进行分析，指出在百度的数据中心中磁盘故障占到了全部硬件故障的 81% 以上[9]，具体如表 1.1 所示。

表 1.1 百度数据中心中硬件故障占比 [9]

设备	占比	设备	占比
硬盘	81.84%	主板	0.57%
内存	3.06%	固态盘	0.31%
电源	1.74%	风扇	0.19%
RAID 卡	1.23%	硬盘背板	0.14%
Flash 卡	0.67%	CPU	0.04%
其他	10.20%		

1.1.3 磁盘故障预测的机遇与挑战

传统的数据保护方法是利用冗余技术,包括 RAID[10]、多副本[11] 和编码技术 [12]。冗余技术通过对存储的原始数据进行冗余计算得到冗余数据,从而在磁盘故障导致部分数据丢失的时候,利用冗余数据对丢失部分的数据进行恢复。尽管冗余技术能够大大提高数据可靠性,但是会用到额外的存储空间来存储冗余数据。更重要的一点是,由于冗余技术属于被动的数据恢复技术,它只有在磁盘发生故障后才能对数据进行恢复,这就使得冗余技术存在故障恢复数据传输量大、故障恢复时间窗口长及影响正常的用户 I/O 性能等缺点 [13]。故而,冗余技术虽然能够提高磁盘存储系统的开销性,但也带来了高的数据可靠性维护开销。

主动的磁盘故障预测通过对即将发生的磁盘故障进行预测,能够提前对将受影响的磁盘进行数据保护。提前进行数据保护带来的好处是,能够缩短数据处在不可靠情形下的时间,因而能够大大提高数据的可用性及可靠性。除此之外,也有工作对磁盘故障预测带来的可靠性提升进行了量化研究。有研究通过构建马尔可夫模型来研究 RAID 系统的可靠性,发现在加入磁盘故障预测后,系统的可靠性得到了显著提升 [14]。具体来说,随着故障检测率的提升,MTTDL［Mean Time To Data Loss(平均数据丢失时间)该值越大,代表可靠性越高］显著提升。当预测敏感度为 0.5 时(预测模型检测出了一半的磁盘故障的情形),平均数据丢失时间可以得到近 3 倍的提升。故而,磁盘故障预测能够大大提升磁盘存储系统的可靠性。

目前,磁盘中一般配备有 SMART 技术 [15](Self Monitor and Report Technology,磁盘监控报告技术)。SMART 技术利用写入磁盘固件中的一段内部管理程序,通过磁盘内部的传感器和计数器对磁盘的实时运行状态进行监控并记录。SMART 的监控项中包含 7 项属性，即属性号、属性名称、原始值、属性值、历史最差值、阈值、状态标识。

①属性号：表示磁盘的各项监控参数的序号，大部分的属性号所代表的参数含义在不同厂商间是通用的，但厂商也会根据监控项目的增减对属性号进行增减。

②属性名称：表示属性号所对应的 SMART 监控项的功能名称。

③原始值：表示计数或是物理状态，不同厂商可能使用不同的计数规则和物理状态值。

④属性值：表示对原始值进行归一化后的结果，不同厂商会制定不同的归一化方法，其数值范围从 1 到 100 或 200 或 253，其中 1 代表最差，最大值代表最好。

⑤历史最差值：表示从磁盘开始使用至目前，该监控项的属性值所达到的最低值。

⑥阈值：表示厂商设定的磁盘预警门限值，当某一个监控项的属性值低于或等于该项对应的阈值，则对磁盘进行预警标识。

⑦状态标识：表示磁盘当前的健康状况，即通过比较阈值和当前属性值得出的结果，一般为正常或磁盘故障。

表 1.2 中列出了部分重要的 SMART 属性及含义。SMART 内部采用的基于阈值的预警机制，当任意一个 SMART 监控属性的当前值小于或是等于设定的阈值时，则会发出磁盘故障警告，一般的预警时间为未来 24 小时。相较于被动的冗余技术来说，SMART 技术属于主动的数据保护技术。SMART 技术通过对即将发生的磁盘故障进行提前预测，故而能够提前对这些磁盘中的数据进行代价更小的数据恢复，即直接进行开销更小的数据迁移。

表 1.2　部分 SMART 属性名及含义

属性号	属性名称	含义
1	Real_Read_Error_Rate	底层数据读取错误率
		磁头从磁盘表面读取数据时出现的错误
3	Spin_Up_Time	主轴起旋时间
		主轴从开始启动至达到额定转速的时间
4	Start_Stop_Count	启停计数
		磁盘主轴启停的累计次数
5	Reallocated_Sector_Count	重新映射扇区计数
		扇区损坏后，被重新映射到保留扇区的数目

属性号	属性名称	含义
7	Seek_Error_Rate	寻道错误率
		磁头寻道时的错误率
9	Power_On_Hours	磁盘上电时间
		磁盘通电运行累计时间
10	Spin_Retry_Count	主轴起旋重试次数
		主轴未成功达到额定转速后重新起旋的次数
12	Power_Cycle_Count	磁盘通电周期数
		磁盘电源开关累计次数
187	Reported_Uncorrect	无法校正的错误
		无法通过硬件 ECC 进行校正的错误计数
194	Temperature_Celsius	温度
		磁盘内部的当前温度，一般不会超过 60 度
197	Current_Pending_Sector	当前待映射扇区计数
		当前等待被重新映射的扇区数
198	Offline_Uncorrectable	脱机无法校正扇区计数
		读 / 写操作时发生的无法校正的错误计数

但 SMART 技术存在故障预测效果不理想的问题。有分析指出，目前使用的 SMART 技术在预测误报率为 0.1% 的情形下，只能发现 3% ~ 10% 的磁盘故障[16]。其原因有如下两点：一是简单的基于阈值的方法不能对复杂的磁盘运行状态进行很好的判别；二是厂商为了减少误报，会设置保守的阈值。因此，如何更准确地对磁盘故障进行预测，进而以更低的维护开销维持更高的数据可靠性，成为提高磁盘存储可靠性的重要课题。

由于 SMART 基于阈值方法的故障预测效果不理想，机器学习方法被引入磁盘故障预测中。随着计算能力和机器学习算法的快速发展，基于数据中心大规模磁盘的 SMART 数据构建磁盘故障预测模型，为提升预测准确率提供了可行途径。基于机器学习的磁盘故障预测的主要研究思路是利用磁盘内部的 SMART 数据，基于机器学习算法来对磁盘故障进行预测。然而，准确地对磁盘故障进行预测并非易事。下面将罗列磁盘故障的特点，并分析磁盘故障预测的挑战。

磁盘故障有如下特点：①磁盘 SMART 属性值的分布会随时间的推进而发生变化；②故障磁盘数量要远小于正常磁盘数量；③磁盘故障分为整盘故障和扇

区故障。这些磁盘故障特点增加了磁盘故障预测的难度，依据上述的三个磁盘故障特点及预测本身的特点，磁盘故障预测的挑战有：①模型老化问题；②不均衡问题；③故障扇区定位问题；④错误预测带来的额外开销问题。下面将从上述的四点出发，对预测挑战进行分别讨论。

（1）首先，随着时间的推移，磁盘的健康状态会发生变化，这些变化表现在磁盘 SMART 属性值上，就是其分布会发生变化。SMART 属性值分布的变化会导致模型老化问题，即随着时间的推移，已经训练的旧模型会逐渐失去磁盘故障预测的有效性。模型老化给磁盘故障预测带来了困难。

（2）其次，由于相较于正常磁盘，磁盘故障发生的概率更小，这会使故障磁盘的数量要远小于正常磁盘的数量。这种现象在机器学习中被称作"不均衡问题"，即一类样本的数量要远小于另一类样本的数量。数据不均衡会导致基于分类的磁盘故障预测更倾向于将磁盘预测为占大多数的正常类别，而占据少数样本的磁盘故障却是磁盘故障预测真正关心的。而且，对于有的监督模型来说，还会产生模型冷启动问题，即模型在建立初期由于缺乏足够量的训练数据而导致预测效果不佳。

（3）再次，在磁盘中，除了致使磁盘整体不可用的整盘故障外，还有单个扇区不可用的扇区故障。整盘故障预测能够直接定位到哪块磁盘发生了故障，而对于扇区故障预测来说，由于 SMART 中没有标识磁盘位置的信息，故而不能直接定位到哪个扇区发生了故障。这就需要借助于磁盘扫描检测对扇区故障发生的具体位置进行检测，而扫描检测会带来额外的开销。如何以低的扫描检测开销来维持高的数据可靠性是困难的。

（4）最后，故障预测不能做到百分之百的准确，预测错误会带来额外的开销。在磁盘故障预测中，预测错误分为两种：①将正常盘预测为故障盘，称为误报；②将故障盘预测为正常盘，称为漏报。具体来说，误报会导致不必要的磁盘替换；漏报会错失直接进行数据迁移的机会，增加数据修复的成本。并非百分之百准确的磁盘故障预测带来的额外开销都会给高效提升数据可靠性带来困难。

1.2 数据中心磁盘故障预测的国内外研究现状

从 2001 年 Hamerly 等人 [17] 首次对磁盘故障预测进行研究，至今，磁盘故障预测研究已有近 20 年的发展历史。本书绘制了磁盘故障预测的发展历程图,如图 1-1 所示。从磁盘数量(图中时间轴上方)和使用的预测方法(图中时间轴下方)来看,以 2013 年为界,磁盘故障预测的发展大致可以分为两个阶段。在第一个阶段,磁盘数量比较少,使用的机器学习方法都比较简单;在第二个阶段,随着收集到的磁盘样本数量的增大,各种复杂的机器学习方法被用于提升磁盘故障预测的预测准确率。从预测的磁盘故障类型来看,在 2017 年,预测的故障类型从整盘故障扩展到了扇区故障。

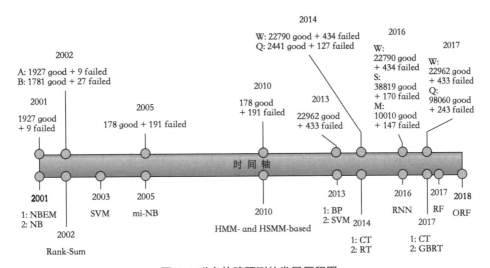

图 1-1 磁盘故障预测的发展历程图

根据优化目标的不同,这些研究可以分为两类:①提升磁盘故障预测准确率;②故障预测用于决策支持。下面将分别从这两个方面对相关研究进行介绍。

1.2.1 提升磁盘故障预测准确率的相关研究

根据使用的机器学习方法类型的不同,提升磁盘故障预测准确率的研究可以分为基于离线学习的磁盘故障预测和基于在线学习的磁盘故障预测。在线学习不同于离线学习的最重要一点是,在线学习能够根据顺序到来的数据不断地对已有的模型参数进行更新。下面分别对这两类研究进行介绍。

(一)基于离线学习的磁盘故障预测

2001 年,Hamerly 和 Elkan[17] 运用了两种贝叶斯方法进行研究,这两种贝叶斯方法分别为朴素贝叶斯最大期望法(Naive Bayes Expectation Maximization, NBEM)

和有监督的朴素贝叶斯分类器（Naive Bayes Classfication, NBC）。朴素贝叶斯最大期望法从异常检测的角度来解决磁盘故障预测，使用最大期望算法来训练朴素贝叶斯聚类模型。他们的数据集来自 Quantum 公司，该数据集包含 1 927 块健康盘和 9 块故障盘。实验表明，两种方法均取得了较好的预测效果，并且有监督的贝叶斯分类器对于不相关的 SMART 属性值的鲁棒性更好。具体来说，在误报率限定为 1% 的情形下，朴素贝叶斯最大期望法的故障检测率为 35% ~ 40%，有监督的朴素贝叶斯分类器的故障检测率为 55%。为提高预测的效果，Hughes 等人 [18] 在 2002 年提出了两种异常检测方法：Wilcoxon 秩和检验与 OR-ed 单变量测试。他们的数据集包含来自不同厂商的 3 744 块磁盘，其中有 36 块故障盘。两种方法达到的最佳预测效果为：在误报率为 0.5% 时，能够检测到 60% 的磁盘故障。

2003 年，Murray 等人 [19] 对多种磁盘故障预测方法进行比较，包括支持向量机（Support Vector Machine, SVM）、无监督的聚类、秩和检验（rank-sumtest）以及反向排列检验（reverse arrangement test）。他们使用来自同一厂商的 369 块磁盘，包括 178 块健康盘和 191 块故障盘。实验结果显示，秩和检验能够达到的最佳的预测效果为 33.2% 的故障检测率和 0.5% 的误报率。在 2005 年，他们设计了一种新的多实例朴素贝叶斯方法（multiple-instance learning Naive Bayes, mil-NB）[16]，将多实例学习（multiple-instance learning）和朴素贝叶斯进行结合。使用同样的数据集进行实验，结果显示多实例朴素贝叶斯要优于基于聚类的方法。同时，在使用通过特征提取后的 25 个 SMART 属性的情况下，SVM 取得了最好的预测效果：50.6% 的故障检测率和 0 的误报率。然而，在只使用部分 SMART 属性的情况下，秩和检验的效果要优于支持向量机的效果，秩和检验的最好效果为 28.1% 的故障检测率和 0 的误报率或者 52.8% 的故障检测率和 0.7% 的误报率。

2010 年，赵等人 [20] 从 SMART 属性的时序特性的角度，引入了隐马尔可夫模型（Hidden Markov Models, HMMs）和隐半马尔可夫模型（Hidden Semi-Markov Models, HSMMs）进行磁盘故障预测。在 Murray 等人使用的数据集上进行实验，结果显示在使用单一的最佳 SMART 属性同时限制误报率为 0 的情形下，隐马尔可夫模型和隐半马尔可夫模型的最优预测效果分别为 46% 和 30% 的故障检测率。在使用最佳的两个 SMART 属性同时限制误报率为 0 的情形下，隐马尔可夫模型的最优预测效果为 52% 的故障检测率。

2013 年，朱等人 [21] 搭建了反向传播神经网络（Back Propagation Neural Network,

BPNN）和一个经过优化的支持向量机。通过提升方法（AdaBoost）和投票检测方法（voting-based）来提升反向传播神经网络的预测效果，通过引入 SMART 属性变化率特征来提升支持向量机的预测效果。使用的数据集来自百度公司的 23 395 块同一型号的磁盘，包括 22 962 块健康盘和 433 块故障盘，这是至 2013 年在磁盘故障预测中使用数据规模最大的数据集。实验结果显示，这两种模型都取得了较好的预测效果，并且反向传播神经网络的故障检测率达到了 95%；在故障检测率为 68.5% 的情形下，支持向量机可以达到 0.03% 的误报率。

Pitakrat 等人[22]在 2013 年对磁盘故障预测进行了综述，该综述将磁盘故障预测中使用的 21 种机器学习方法进行了比较。使用与 Murray 等人相同的数据集，他们在 WEKA[23] 机器学习平台上对这些机器学习方法的预测效果及训练和预测时间进行了对比。依据实验结果，他们认为根据应用场景的不同，不同的方法各有优势。对于特定的应用场景下的方法选择，需要在预测效果及训练和预测时间上直接进行权衡。

2014 年, 李等人[24]提出了用分类与回归树（Classification and Regression Trees，CART）对磁盘故障进行预测。使用分类树（Classification Trees，CT）模型对磁盘故障进行预测，得到的最佳预测效果为误报率 0.1% 时故障检测率 95%。他们认为磁盘故障是个渐变的过程，因此使用回归树（Regression Trees，RT）对磁盘当前的健康状况进行打分，得到的最佳故障检测率为 96%。2016 年，同一团队的徐等人[25]延续上述对磁盘渐变过程的研究工作，从多分类的角度来解决磁盘故障预测。他们将磁盘健康状态分为 6 个等级，引入循环神经网络（Recurrent Neural Networks，RNN）对磁盘 SMART 样本进行健康度分类。实验结果表明，该方法不仅能够取得合理准确的健康状态评估，而且取得了相较之前工作更好的预测准确度。

2016 年，Botezatu 等人[26]使用正则化贪心森林（Regularized Greedy Forest，RGF）对磁盘故障进行预测，并提出了使用迁移学习（Transfer Learning）来解决不同型号磁盘数据集之间的样本迁移问题。使用来自两个不同的厂商的 30 000 块磁盘超过 17 个月的 SAMRT 数据及磁盘替换数据进行实验，结果表明正则化贪心森林能够达到最高 98% 的预测准确率，超过了梯度提升树（Gradient Boosted Decision Trees，GBDT）、随机森林（Random Forests，RF）、支持向量机和逻辑回归模型（Logistic Regression，LR）等模型的预测准确度。此外，迁移学习也取得了较佳的预测准确率。也有其他工作[27]专门针对小样本磁盘的迁移学习进行研究,利用 TrAdaBoost 来将大样本磁盘集中的相关样本迁移到小样本磁盘集中,从而构建数据量更大的训练数据集,最终在误报率为 0.5% 的情形下取得了 96% 的故障检测率。

上述研究大部分利用交叉验证的方法对模型进行训练和测试,但这在实际使用中是不合理的[28]。在交叉验证中,不同时间采样样本被随机分为训练集和测试集。这样导致的不良结果是,训练集可能包含一部分新数据,而测试集可能包含一部分旧数据。然而,在实际的在线预测中,训练集和测试集是按时间划分的,即旧数据用于训练模型,新数据用于测试模型。

(二)基于在线学习的磁盘故障预测

最近,有研究尝试在在线模式下训练预测模型,且都在较低的误报率的情况下取得了较高的故障检测率。2018 年,徐等人[28]采用 Backblaze 数据集中 2017 年 10 月及 11 月两个月的数据用于构建存在时序先后的训练集和测试集,其中 10 月的数据被用作训练集,11 月的数据被均分为三份作为测试集。由此,保证了训练集的数据采集时间要先于训练集中数据的采集时间。但用于训练的模型仍是离线模型,而离线训练过程存在着模型老化问题(Model Aging Problem)。随着时间的推移,SMART 属性值的分布会发生变化[29],导致在旧数据上训练的模型对新到来的磁盘样本失去预测能力。模型老化问题是指如果不对已训练的模型进行更新,模型的预测效果将变差。

2018 年,华中科技大学的肖等人[29]第一次将在线随机森林(Online Random Forests,ORF)引入磁盘故障预测中。随机森林将多个分类树按照集成学习的方法进行集中,以此达到从多个弱分类器得到一个强分类器的目的。为了避免多个分类树之间的信息冗余,随机森林引入了两种随机,即样本随机和特征随机。假设有一个样本容量为 m,特征数目为 n 的训练集,在此训练集上训练一个有 k 棵树的随机森林,则会在训练集中进行 k 次有放回的采样,每次采样得到样本容量为 m 的新的训练集,即 k 个新的训练集,此即为样本随机。对这 k 个新的训练集,会分别对特征进行随机选取,选取小于数目 n 的固定数目的特征,此即为特征随机。

在线随机森林为随机森林的在线训练版本,是对随机森林和在线机器学习的结合。不同于离线模型的训练方式,在线模型将新到来的数据送入模型,进行在线的模型更新。这一特性适合训练数据有时间先后次序的场景,磁盘故障预测中使用到的 SMART 数据便是典型的时间序列数据。在线随机森林的引入，很好地吻合了 SMART 数据的时间序列这一特性。同时为了解决 SMART 数据不均衡和样本动态打标签的问题，分别给出了在线打标签法和延迟打标签策略。

在线打标签法将正常样本和故障样本的产生假设为两个具有不同参数的泊松分布，然后依据样本标签只对在线到来的样本进行不同采样率的采样。具体来说，新到来的训练样本表示为 $<X, y>$，其中 X 表示特性，$y \in (0, 1)$，表示标签，$y=1$ 表示故障样本，$y=0$ 表示正常样本。对于每个 $<X, y>$，根据上述的两个泊松分布进行采样得到采样值 k，然后对在线森林中的每一棵树在该样本上进行 k 次更新。在延迟打标签中，对于当前到来的最新的样本不打标签，而是与当前磁盘的运行状态对 T 天之前的样本进行打标签。具体来说，如果当前磁盘没有故障，则将 T 天前的样本标记为正常样本；如果当前磁盘发生了故障，则将最近 T 天的样本都标记为故障样本。这样做的好处是，当仍在运行的磁盘中的样本被错误标记为正常样本时，能够避免已经存在的故障风险。

在线模型的好处是，避免了离线模型中时间冗长的数据采集期，且能够对模型进行实时更新，很好地解决了模型老化问题。然而，这类在线模型工作仍然存在如下缺点。首先，如果它们继续进行有监督的学习，就需要大量故障磁盘样本，这限制了它们的方法在小规模数据中心及数据中心部署早期的应用。其次，高的预测准确率在很大程度上依赖于复杂的手工特征设计，这是一个耗时且成本昂贵的过程。

1.2.2 磁盘故障预测用于决策支持的相关研究

磁盘故障分为整盘故障和扇区故障，故障类型的不同使得决策支持机制也有差别，下面分别介绍整盘故障预测用于决策支持的相关研究和扇区故障预测用于决策支持的相关研究。

（一）整盘故障预测用于决策支持

除了对故障预测算法进行提升外，也有工作对磁盘故障预测在实际使用场景进行研究。IDO（Intelligent Data Outsourcing）[30] 根据磁盘故障预测的结果，对预测将出故障的磁盘中的数据进行迁移，然后将该磁盘从存储系统中移除。不同于 IDO 中使用的二分类模型，SSM（Self-Scheduling Migration）[31] 通过多分类模型来对磁盘故障风险进行评估，然后根据磁盘故障的不同风险等级对磁盘数据进行不同速率的数据迁移。同时，由于能够对故障分析进行评估及为了减小 IDO 立即换盘带来的磁盘数据容量的损失和高速率数据迁移带来的性能影响，SSM 将存在风险的磁盘保持联机状态以继续提供服务。

延续 SSM 的工作，同一研究团队根据预测的剩余寿命以不同的传输速率迁移风险磁盘上的数据，直到磁盘最终不可用为止[32, 33]。他们提出了两个新的度量指标来对磁盘故障预测在实际使用中的表现进行评判，度量指标包括迁移比率（Migration Rate，MR）和误迁移比率（Mis-Migration Rate，MMR）。其中迁移比率表示由于正确预测而受到保护的存在风险的数据迁移比率，误迁移比率表示由于错误预测而进行的不必要的数据迁移比率。具体来说，他们将磁盘故障预测当作多分类问题，将故障分为 5 个等级，健康分为 1 个等级，并分别为每个等级分配不同的数据迁移频率。其中故障等级越高表示距离故障时间越短，分配的数据迁移频率也就越高。

不同于数据提前迁移，Procode[34]（Proactive erasure coding）将主动磁盘故障预测与被动纠删码相结合，通过磁盘故障预测来监控磁盘的运行状况，并自动调整即将发生故障的磁盘上数据块的副本数目，以确保数据的可靠性。同 SSM 类似，Procode 也将保留存在故障风险的磁盘在系统中继续使用，直到磁盘故障真正发生导致磁盘不可用。笔者分析这样做的好处有两点：①存在间歇性错误预测的可能性，保持磁盘继续使用，后续继续监控预测有可能被重新判定为好盘，能够减小误报带来的不必要的磁盘替换开销；②磁盘的故障模式非故障即停止（fail-stop），而是故障后运行性能变慢（fail-slow），继续提供服务能够提高数据可用性[35]。

在上述研究中，磁盘故障预测结果被用于指导数据迁移或调整副本数，能够大大提升数据可靠性。但是，磁盘故障预测是独立于决策支持场景的，即决策带来的收益和损失不会影响磁盘故障预测结果。存在的缺陷是，磁盘故障预测对错误预测损失和正确预测收益不感知，不能根据使用场景的不同来对磁盘故障预测进行优化。

（二）扇区故障预测用于决策支持

虽然已有很多工作对扇区故障进行研究，但目前对潜在扇区故障预测的研究才刚刚起步，除了本书对其进行研究外，当前其他研究工作只有一项来自多伦多大学联合微软公司的 2017 年的工作。Mahdisoltani 等人提出了基于 SMART 参数构建机器学习模型对磁盘的潜在扇区故障进行预测，然后将预测结果用来调整数据扫描检测频率。其好处是，可以用少量额外的针对预测出扇区故障的磁盘进行加快频率的扫描检测开销，大大缩短扇区故障从发生到发现的时间窗口，从而极大提升了数据可靠性[36]。

具体来说，笔者将 SMART 的 5 号属性作为预测的目标值，当基于 SMART 参数值预测出来的结果值大于当前的 SAMRT 的 5 号的值的时候，就表明磁盘中存在未被发现的扇区故障。这时就可以对预测出发生扇区故障的磁盘进行有针对性的数据扫描检测操作了。利用来自 Backblaze 的公开数据集对多种机器学习算法进行了评估，最终发现随机森林对扇区故障预测的效果最好，可以在误报率设置为 10% 的时候，达到 90% ~ 95% 的故障检测率，在误报率设置为 2% 的时候，达到 70% ~ 90%。虽然这一预测效果低于对整盘故障进行预测的效果，但笔者认为这是可以容忍的。笔者给出的解释是：相较于整盘故障误报所带来的替换磁盘的开销，扇区故障误报所带来的额外扫描检测的开销较少。

上述研究证明了机器学习方法对扇区故障的有效性，同时基于扇区故障预测结果来对存在故障扇区的磁盘进行加速扫描检测，能够提高数据可靠性，缺陷是新增的扫描检测操作会导致扫描检测开销的增加。故而，如何以低的扫描检测开销来获取高的数据可靠性是个亟待解决的开放性问题。

1.3 本书的主要研究内容与思路

综合前述国内外研究现状，当前数据中心磁盘故障预测研究面临着三个方面的局限：①磁盘故障预测适用性受限；②缺乏故障预测错误代价评估指标；③亟须高效的决策支持机制。针对上述不足，本书定位于磁盘故障预测方法及应用优化，围绕"以低的可靠性维护开销来获取高的数据可靠性"的目标，分别从适用性扩展、完善评估指标和优化决策支持机制三个方面出发，对磁盘故障预测的适用性、评估指标和决策支持机制进行优化改进。

图 1-2 本书的主要研究内容与思路

上述三个方面在研究内容上层层递进，如图 1-2 所示。首先，相较于利用有监督学习方法来单纯地提升磁盘故障预测准确率，本书指出磁盘故障预测存在使用场景受限的局限，并进而提出了利用异常检测方法来解决模型冷启动问题。继而，为了进一步增大磁盘使用带来的收益，本书基于代价敏感学习和阈值滑动方法，提出对误报代价和漏报代价进行优化。最后，基于磁盘故障预测如何设计高效的决策支持机制是磁盘故障预测应用亟须解决的问题。针对这一难题，本书对磁盘扇区故障预测用于指导扫描检测操作这一应用场景中的扫描检测开销和扇区故障平均发现时间进行量化，提出兼顾开销与收益的自适应扫描检测方法来优化扫描检测的能效。

以上三个方面的具体研究内容如下：

针对当前研究大多使用有监督模型来提升磁盘故障预测准确率这一现状，本书指出这类方法存在模型冷启动问题。为了解决模型冷启动带来的磁盘故障预测适用性受限的问题，本书将磁盘故障预测转化为异常检测问题，并基于生成对抗模型搭建端到端的磁盘故障预测方法，具体包括：①二维 SMART 数据构建；②模型在线更新。该方法不仅能够通过深度网络来完成 SMART 数据时间序列特征的挖掘，而且能够利用网络微调特性完成模型更新。

除了扩展磁盘故障预测的适用场景，对预测错误代价进行优化也是十分必要的。在磁盘故障预测中不可避免地会产生误报和漏报，均会带来预测错误代价。为了最小化误报代价和漏报代价，本书提出了一种多目标预测错误代价指标 MCTR（Mean Cost To Recovery）。继而，利用基于代价敏感学习的预测错误代价优化方法来优化这一指标，并通过阈值滑动方法来获取最优 MCTR 的故障预测阈值。

扇区故障预测用于对扫描检测进行决策支持，能够提升数据可靠性，但通常会带来额外的扫描检测开销。平衡优化数据可靠性和扫描检测开销需要对决策支持机制进行优化。本书对这两个指标进行量化并做理论分析，发现可以以低的扫描检测开销获取高的数据可靠性。基于这一结论，提出了一种基于扇区故障预测的自适应扫描检测方法 SPA，SPA 能够根据故障预测结果动态调整扫描检测频率。

1.4 本书章节安排

全书共包括五个章节，各章节的内容概要如下：

第1章，为绪论部分。本章首先介绍了数据中心的背景知识、其所面临的磁盘可靠性威胁问题，并对磁盘故障的特点和预测难点进行了分析。然后从提升磁盘故障预测准确率和磁盘故障预测用于决策支持两个方面对国内外研究现状进行介绍，并分析了现有研究的不足。随后，介绍本书的主要研究内容。

第2章，提出了一种基于深度生成对抗网络的磁盘故障预测方法。针对磁盘故障预测在小规模数据中心磁盘存储系统中及磁盘存储系统投入使用的前期，基于有监督模型的磁盘故障预测方法预测效果不佳的问题，本章提出了一种基于生成对抗网络的异常检测方法用于对磁盘的整个生命周期进行有效预测。在本章的研究工作中，二维 SMART 属性值的构建方法被提出，以此来实现对时间序列特征的提取。另外，基于生成对抗网络的异常检测方法只需使用正常磁盘的数据，避免了数据不均衡带来的模型冷启动问题；利用生成对抗网络的微调特性实现了模型更新，解决了模型老化问题。

第3章，提出了一种故障恢复开销最小化的磁盘故障预测方法。在磁盘故障预测中，预测并不是百分之百的准确，不可避免地会发生预测错误。预测错误分为误报（将正常盘预测为故障盘）和漏报（将故障盘预测为正常盘）两种类型，均会导致不必要的预测错误开销，即增加了故障恢复开销。本章从减小故障恢复开销的角度出发，引入了价值敏感学习，来对误报开销和漏报开销进行最小化。另外，为了进一步减小故障恢复开销，提出了一种漏桶算法来对故障预测准确率进行提升。

第4章，提出了一种基于磁盘扇区故障预测的自适应扫描检测方法。磁盘故障中除了引起整盘不可用的整盘故障外，还有引起部分扇区不可用的扇区故障。扫描检测被用于对磁盘数据进行检验以尽快发现扇区故障，来提升数据暴露在不可靠情形下的时间窗口，但频繁的扫描检测会带来额外的开销。本章提出了一种根据磁盘健康状态来自适应调整频率的扫描检测方法，来以低的扫描检测开销维持高的数据可靠性。首先对磁盘扇区故障进行预测，对存在扇区故障风险的磁盘进行加快频率的扫描检测，对正常磁盘进行降低频率的扫描检测，以进行更有针对性的扫描检测。另外，考虑到扫描检测周期性进行的特性，提出了一种投票算法来提升预测准确率。同时，也对整盘故障的故障模式进行了考量。

第5章为总结与展望。总结了本书的三个研究创新点贡献：一是提出了基于深度生成对抗网络的磁盘故障预测方法；二是提出了磁盘故障预测中预测错误代价优化方法；三是提出了基于扇区故障预测自适应的磁盘扫描检测策略。展望了磁盘故障预测的四个未来发展趋势：一是继续对磁盘故障预测的准确率进行提升；二是对整盘故障和扇区故障进行统一预测；三是对磁盘故障预测在单盘上的应用进行研究；四是对固态盘进行故障预测。

第2章
基于深度生成对抗网络的磁盘故障预测方法 SPA

在数据中心,磁盘故障的发生属于小概率事件,因此存在故障磁盘样本缺乏的问题。目前磁盘故障预测方法大多基于有监督分类模型,由于故障样本的缺乏,这类方法存在预测前期效果不佳的模型冷启动问题。本章提出了一种基于异常检测模型的磁盘故障预测方法 SPA(Semi-supervised disk failure Prediction via Adversarial training)。SPA 只使用健康磁盘样本进行模型训练,避免了模型冷启动问题。同时,得益于深度学习强大的特征提取特性,SPA 能够对 SMART 数据特征进行自动提取,避免了手工提取特征,进而使得模型能够进行端到端的学习。另外,得益于深度学习的模型微调特征,SPA 能够实现有效且轻量化的模型更新。在来自实际使用场景磁盘的 SMART 数据上,实验结果表明,相较于基于有监督分类模型的磁盘故障预测方法,SPA 能够在磁盘的整个生命周期取得更优的预测准确率,在1%误报率时获取99%的故障检测率。本章的组织结构如下:首先,在2.1节给出基于生成对抗网络进行磁盘故障预测的研究背景和动机;接着,在2.2节介绍深度生成对抗网络的相关研究;随后,在2.3节详细讨论 SPA 的设计方案;其后,在2.4节使用真实数据集对 SPA 进行测试评估;最后,在2.5节对本章进行小结。

2.1 SPA 的研究背景与动机

过去的20年,基于机器学习中有监督学习方法,研究者设计了多种磁盘故障预测方法。有监督机器学习的监督特性,需要收集大量的带标签的磁盘 SAMRT 数据。有监督方法通常用于处理正负样本均衡的数据,所以需要将这些数据处理成正负样本数量相当的训练集，然后才能对磁盘故障预测模型进行训练及更新。同时，为了提升有监督机器学习模型的预测准确率，还需要对收集到的数据进行手工的提取特征。此外，随着磁盘使用时间的推移，需要对旧模型进行手动更新来满足对新到来的数据的有效预测。故而，对于基于有监督学习方法的磁盘故障预测方法，要想获取高的预测准确率，需要解决两个数据上的挑战和一个模型上的挑战。数据挑战包括数据不均衡问题和特征提取问题，模型挑战是指模型更新问题。本节首先对这三个问题进行分析，然后引出 SPA 的研究动机。

2.1.1 数据不均衡问题

相对于健康磁盘来说，磁盘故障是一个小概率事件，导致故障磁盘只占磁盘存储系统中所有磁盘的一小部分[29]。微软亚洲研究院对来自 Microsoft 公司的两个月的磁盘数据进行分析，发现健康磁盘与故障磁盘的比例将近 10 000 : 3[28]。在实际磁盘存储系统中，健康磁盘的数量比故障磁盘的数量多得多的现象被称为数据不均衡的问题[37]。然而，传统的有监督机器学习方法只适用于均衡数据集。当处理一个不平衡的数据集时，有监督机器学习方法偏向将所有样本都预测成占多数的类别，以获得总体的高精度[38]。但是，在一般的分类问题中，占少数的类别却往往是人们所关心的[39, 40]。在磁盘故障预测中亦是如此，磁盘故障能否被正确地预测出来才是真正需要关心的。

为此，研究者们提出了一些样本重均衡技术，包括升采样（Up-Sampling）[41]和降采样（Down-Sampling）[42, 43]，以获得适合有监督机器学习方法的均衡训练集。升采样即通过随机增加少数类别的样本的重复样本，以达到与多数样本相当的数量；降采样即通过对多数类别的样本进行抽样，以获取与少数类别样本相当的数量。有研究[44]表明，降采样在处理数据不均衡问题上的效果要优于升采样。这是因为升采样得到的数据集中存在大量的重复样本，会使训练模型得到的规则更加特例化，导致模型过拟合及泛化能力变弱。

在基于监督学习的磁盘故障预测中，一般使用降采样来获取均衡训练数据集。Botezatu 等人[26]将整个训练集的健康样本的数量缩减至接近故障样本的数量大小。华中科技大学的肖等人[29]使用在线打包技术[45]（online bagging）对顺序到达的数据进行采样，以便用于在线学习。在在线打包技术中，笔者将健康样本和故障样本的顺序到达分别用两个不同速率参数的泊松分布建模，并且将健康样本的速率参数设置得更小。这样一来，相比于对故障样本的采样，对健康样本进行采样率更低的采样，能够达到均衡训练数据集的目的。

然而，降采样在这些方法中使用的前提是需要大量的磁盘故障数据[46]。而磁盘故障数据在磁盘投入使用的早期和小规模数据中心磁盘存储系统中是稀少的，故而，这些有监督模型的训练都需要经历较长时间的数据收集阶段，这就产生了"冷启动"问题。在推荐系统[47]中，冷启动问题[48, 49]是指推荐系统在启动之初，不具备大量的用户 / 物品数据，故而引起的推荐满意度不高的问题。在本章研究的磁盘故障预测中，冷启动问题是指基于有监督分类方法的磁盘故障预测在磁盘投入使用的早期和小规模数据中心磁盘存储系统中，由于故障磁盘数据量不足而导致的模型预测能力不足。

2.1.2 时间序列特征提取问题

基于机器学习的磁盘故障预测的预测准确度还受特征工程的影响，有研究[21, 28]指出单以原始的 SMART 数据作为特征时预测准确度不高，在加入 SAMRT 属性的时间序列特征后，预测准确度会得到提升。在基于有监督机器学习的磁盘故障预测中，使用的是一维 SMART 数据（一个特定的时间点的 SMART 属性值），SMART 属性值随时间的变化率常被忽视。朱等人[21]通过实验发现，SMART 属性值随时间的变化率（时间局部性）对于磁盘故障的预测是有帮助的。在他们的工作中，磁盘故障预测在使用了 SMART 属性值在 6 小时前后的绝对差作为时间序列特征，预测效果有显著提升。此处用到的时间序列特征的形式化表述为：给定一个时间窗口 w，记单个 SMART 属性 x 在 t 时刻的属性值为 $x(t)$，记 $t-w$ 时刻的属性值为 $x(t-w)$。将 t 时刻与 $t-w$ 时刻属性 x 的绝对差记为 $\text{diff}(x, t, w)$，其计算为：

$$\text{diff}(x, t, w)=|x(t)-x(t-w)| \tag{2-1}$$

此外，在研究[28]中，笔者定义并计算了三种新的时间序列特性，即 diff、Sigma 和 Bin。其中，diff 与上述 $\text{diff}(x, t, w)$ 类同，只是将绝对差改为了差值。其中，Sigma 表示对 w 时间段内的 SMART 属性值 x 求方差，计算公式为：

$$\text{Sigma}(x, t, w)=E[(X-\mu)^2] \tag{2-2}$$

Bin 表示对 w 时间段内的 SMART 属性值 x 求加和，计算公式为：

$$\text{Bin}(x,t,w) = \sum_{j=t-w+1}^{t} x(j) \tag{2-3}$$

为了验证 SMART 数据中时间序列特征对区分故障盘和健康盘的有效性,本章进行了两个初步测试。在第一个测试中,为了获得更直观的观察,以随机抽取的一块健康磁盘和一块故障磁盘为例,将它们的 SMART 属性值随时间的变化进行可视化。如图 2-1 所示,x 轴是以天为单位的时间轴,y 轴表示 SAMRT 属性值。为了便于显示,图中的 SMART 属性值为进行了归一化处理之后的值。显然,相比于健康磁盘,故障磁盘的 SAMRT 属性值表现出更多的变化。对于故障磁盘来说,一些(并非全部)SMART 属性值随时间剧烈波动;而对于健康磁盘来说,SMART 属性值保持稳定或随时间变化不大。在第二个测试中,计算每个 SMART 属性在一个固定时间段内的属性值的方差,并将这些方差分别按故障盘和健康盘进行加和求均值。结果表明,故障磁盘的方差之和的均值要明显大于健康磁盘的方差之和的均值,前者为后者的 3 倍之多。综上所述,时间序列特征对磁盘故障有指示作用,并可能在预测磁盘故障中发挥重要作用。

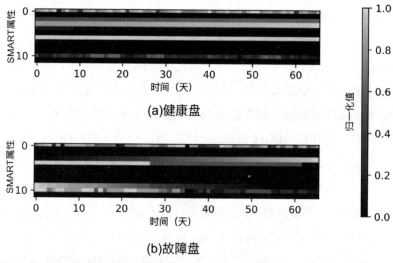

图 2-1　两块随机抽取的样例磁盘中 SMART 属性值随时间变化图

2.1.3 模型更新问题

在收集到大量正负样本数据量基本相当的训练集后,离线的有监督学习方法能够在模型应用的前期取得很好的预测效果。然而,随着时间的推移,模型的预测效果将大打折扣,这种现象被称作"模型老化"[29]。为了更深入地了解模型老化的根本原因,朱等人 [21, 50] 和肖等人 [29] 均对模型在实际的长期使用场景进行了模拟。两者均得出了相同的结论：随着时间的推进，后来收集的数据将逐渐改变 SMART 属性的底层分布，使得先前训练的模型失去对新数据预测的有效性。

故而，为了维持模型在长期使用中的一贯有效性，需要利用新到来的数据对旧模型进行更新。对于有监督学习方法来说，模型更新分为两种：一种是离线模式，一种是在线模式。朱等人[21] 提出了两种离线模型更新方法，分别为：替代更新（1-month replacing）和累计更新（Accumulation）。其中替代更新是指，模型周期性地使用最近一个周期收集到的数据进行模型再训练，并用新模型替代旧模型对后续数据进行预测。累计更新也是用新训练的模型替代旧模型，其与替代更新的不同之处在于，用于训练新模型的数据是全部周期收集到的数据的总和。肖等人[29] 将在线随机森林引入磁盘故障预测中，利用在线随机森林的在线训练特性实现模型更新。不同于离线更新方法，在线更新在新数据到来时即对旧模型本身进行更新，即也不对旧模型进行丢弃，而是通过调整旧模型的参数来获取新模型。其好处是，不用存储大量的旧数据，大大节省了存储空间。笔者对三种模型更新与模型不更新的预测准确率进行了实验对比。实验发现，有更新的模型要优于无更新的模型；同时，在线更新和累计更新的预测效果相当，两者优于替代更新。但是无论是离线更新模式还是在线更新模式都会带来高昂的模型更新开销。对于离线更新来说，旧模型在新训练周期被完全丢弃了；对于基于在线随机森林的在线更新来说，每新来一个样本就需要对模型进行更新。如何以更低的更新开销来进行模型更新是一个值得继续探讨的问题。

基于以上研究背景和动机，本章构建二维 SMART 数据，并提出基于深度生成对抗网络的方法 SPA 来对磁盘故障进行预测。SPA 的训练包括两个步骤：第一步，为了抽取 SAMRT 数据的时间序列特征，SPA 构建了二维的 SAMRT 数据输入格式。该二维 SMART 数据输入格式的好处有如下两点，一是能够适配深度学习二维图像的数据输入要求，二是能够提取时间序列特征。第二步，利用构建的健康磁盘二维 SMART 数据，输入用于异常检测的生成对抗网络。由于在模型训练的过程中只需要使用健康盘的数据，异常检测方法能够巧妙且有效地避免 SMART 数据中正负样本不均衡的问题。

本章研究的主要创新有以下三点，分别为：① SPA 将磁盘故障预测问题转化为异常检测问题，有效地避免了磁盘故障预测中正负样本数据不均衡问题；② SPA 中使用的深度网络能够对二维 SMART 数据的时间序列特征进行自动提取，省去了繁重的手工特征提取过程，且能够获取到更优于后者的特征；③ SPA 利用卷积神经网络（Convolutional Neural Network，CNN）的微调（fine-tune）特性，能够实现模型在线更新。

2.2 深度生成对抗网络相关研究

2.2.1 深度学习

深度学习属于机器学习方法的一种，主要利用深度神经网络（Deep Neural Network，DNN）对数据进行特征表示学习[51]。在传统的机器学习中，利用的是浅层的特征表示，这些与任务相关的特征需要依靠领域知识进行手工设计，且直接影响机器学习模型在任务上的学习效果。这使得不具有领域知识的非专业人员难以通过使用机器学习来解决相关任务的学习。深度学习通过对原始特征进行多层组合，得到与任务相关的深层特征表示。这一过程是嵌入在模型里面的，是通过一个通用的学习过程从数据中学习得来的[52]，避免了手工设计特征，且学习到的特征能够大大提升任务的训练效果。特别是在处理图像分类问题中，深度学习已经全面超越其他方法[53]。图 2-2 展示了包含两个隐藏层的前馈神经网络的结构图，其训练过程分为两个过程，一是数据前向传播，二是误差反向传播。在深度学习中，为了提取更深层的特征，一般会根据任务需要，加入更多层次的隐藏层。譬如，在著名的针对视觉对象识别的比赛 ImageNet 中，已有团队将网络深度做到了上百层甚至超过千层[54, 55]。

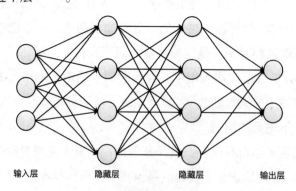

图 2-2　包含两个隐藏层的前馈神经网络

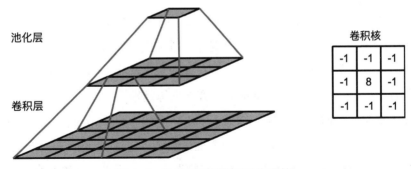

图 2-3　池化层与卷积层及卷积核

　　下面主要介绍深度学习中的卷积神经网络（CNN）及其特性，SPA 的自动特征提取及模型更新即是基于卷积神经网络来进行的。卷积神经网络[56]是指包含卷积层和池化层的神经网络，来实现局部感知、权重共享及降采样。其卷积层操作和池化层操作如图 2-3 所示，卷积层利用 3×3 的卷积核来对图像进行卷积操作，得到下一层的图像像素值，实现局部感知；池化层对 3×3 图像区域进行池化操作，得到下一层的图像像素值，进行降采样。卷积核如图 2-3 右边所示，为数值对称的矩阵；池化操作一般包含最大池化和平均池化。这两个操作都实现了权重共享，即存在不同神经元之间使用相同连接权重，这样可以大大减少模型学习参数及训练时间。得益于卷积操作，卷积神经网络能够对数据特征进行自动提取。

2.2.2 生成对抗网络

　　生成对抗网络（Generative Adversarial Networks，GAN）是古德费罗等人[57]在 2014 年提出的一种优秀的深层生成模型。如图 2-4 所示，生成对抗网络由两个部分组成，即生成器 G 和判别器 D。其中生成器 G 依据随机输入 z 来生成看起来像真实训练数据的生成数据，判别器 D 用来对生成数据 G（z）和真实数据 x 进行判别。生成对抗网络的训练过程分为两个阶段：

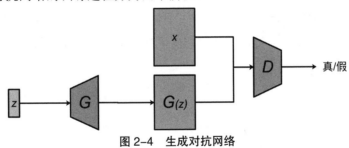

图 2-4　生成对抗网络

（1）在第一个阶段，固定生成器 G 的网络权重，训练判别器 D。具体来说，首先，生成一个批量（batch）的随机向量 z，用当前生成器 G 生成同等数量的生成样本 G(z)；然后，在训练集中随机选取一个批量的真实样本 x，和上面生成的一个批量的生成数据组合成新的训练集，其中真实样本 x 的标签为真，生成样本 G(z) 的标签为假；最后，使用批量训练方法训练判别器 D。

（2）在第二个阶段，固定判别器 D 的网络权重，训练生成器 G。具体来说，首先，和训练判别器 D 一样，生成一个批量的随机向量 z，用当前生成器 G 生成同等数量的生成样本 G(z)；然后，标定这些生成样本 G(z) 的标签为真，从判别器 D 网络的判别误差开始反向传播调整生成器 G 的网络权重。

生成对抗背后的关键思想是，让生成器 G 和判别器 D 像一个游戏中的两个参与者一样相互竞争，并采用随机梯度下降（Stochastic Gradient Descent，SGD）交替优化。从形式上讲，生成器 G 和鉴别器 D 之间的竞争可以计算如下：

$$\min_G \max_D V(D,G) = E_{x\sim Pd(x)}\left[\log D(x)\right] + E_{z\sim p(z)}\left[\log\left(1-D(G(z))\right)\right] \tag{2-4}$$

其中 x 为训练样本，服从真实数据分布 pd(x)，z 是从先验分布 p(z)，譬如，标准正态分布采样的潜在向量。

2.2.3 对抗自编码网络

传统的自编码网络由两个子网络组成，即编码器 G_E 和解码器 G_D。这种结构将输入空间 x 映射到潜在空间 z，并重新将潜在空间映射回输入空间 x′，这个过程称为重构。对抗自编码网络[58]（Adversarial Auto-Encoders，AAE）是用对抗的方式来对自编码网络进行训练，其结构如图 2-5 所示。图中上半部分为自编码网络，将真实样本 x 映射到潜在表示 z；下半部分为对抗训练网络，用对抗的思想来优化样本的潜在表示 z。其中 z 服从概率分布 q(z)，随机输入 z′ 服从概率分布 p(z′)，最终的训练结果是 q(z) 与 p(z′) 十分接近。因此，可以直接通过 pp(z′) 生成随机潜在表示 z′，然后借助解码器 G_D 产生新样本。这不仅可以更好地重建数据，而且可以控制潜在空间[59,60]。在后文使用深度生成对抗网络构建磁盘故障预测中也用到了自编码网络。

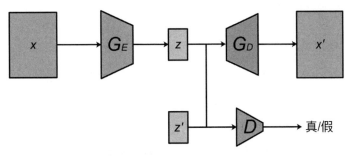

图 2-5 对抗自编码网络

2.3 SPA 设计方案

本章的目标是使用磁盘的 SMART 数据,来预测磁盘是否会在规定的时间间隔内发生故障。为简便起见,将预测时间间隔设定在磁盘故障发生前的 7 天,这一设定在相关研究中被广泛使用[21, 29]。另外,不同于以往方法的重要一点是,本章提出的 SPA 方法将预测问题表述为异常检测问题,而不是传统的二类分类问题。这样做能够避免磁盘故障中由于故障稀缺性导致的正负样本不均衡的问题,从而解决模型冷启动问题。另外,引入的深度神经网络的微调特性对模型进行在线更新,能够解决模型老化问题。最终,SPA 能够满足对磁盘在整个生命周期中发生故障的有效预测。

在本节中,将介绍基于对抗式生成网络的磁盘故障预测方法 SPA,其框架如图 2-6 所示。其中包括三个部分,分别为数据预处理、基于对抗式生成网络的磁盘故障预测模型的训练/更新和预测。首先,收集到的 SMART 数据被预处理为类图像形式的二维表示;其次,基于对抗式生成网络的磁盘故障预测模型利用这些处理后的数据进行模型训练/更新;最后,训练好的模型对后续到来的 SMART 数据进行在线预测。下文分别对数据预处理和模型训练/更新及预测进行介绍。

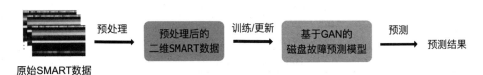

图 2-6 基于对抗式生成网络的磁盘故障预测框架图

2.3.1 数据预处理

2.3.1.1 特征选择

特征选择的目的是去除冗余和不相关的特征,并选择与预测结果相关的特征。这种预处理不仅能够减少模型训练和预测的时间,而且能够提高预测性能[16]。对于本章使用的数据集中的每个磁盘,均报告 24 个 SMART 属性。对于每个属性,包含两个与磁盘当前健康状态的属性值,即原始值和规范化值(其中规范化值为原始值规范化而来,规范化方法由磁盘生产厂家自定义)。将每个 SMART 属性值视为一个特征,故而有 48 个特征可供选择。本节首先使用皮尔森相关系数[61]能够度量两个变量之间的相关性的特性,来度量 SMART 属性与预测结果间的相关性。相关系数的取值在 –1 ~ 1,对于单个 SMART 属性,其与预测结果间的相关度越大,得到的相关系数就越接近 1 或 –1,反之,则越接近 0。

其筛选过程如下:首先,通过对这 48 个 SMART 属性与预测结果的相关度进行计算,将 SMART 属性按相关性绝对值从高到低进行排序。然后,用包含不同数量的前 k 个 SMART 属性的数据来构建训练集和测试集,并在训练集上训练随机森林模型,通过比较随机森林模型在测试集上的预测准确性来确定 k 的值。最终选定的 12 个最相关的 SMART 属性如表 2.1 所示。

表 2.1　筛选的 SMART 属性列表

属性号	属性名	类型
1	Real_Read_Error_Rate	规范化值
4	Start_Stop_Count	原始值
5	Real located_Sector_Count	原始值
7	Seek_Error_Rate	规范化值
9	Power_On_Hours	规范化值
10	Spin_Retry_Count	规范化值
12	Power_Cycle_Count	原始值
187	Reported_Uncorrect	规范化值
194	Temperature_Celsius	规范化值
197	Current_Pending_Sector	原始值
198	Offline_Uncorrectable	原始值
199	Ultra DMA_CRC_Error_Count	原始值

2.3.1.2 数据归一化

由于不同的 SMART 属性具有不同的值区间，为了保证它们之间的公平比较，本章对 SMART 属性值进行归一化处理。在本章中使用的 Min-Max 归一化计算如下 [28, 29]：

$$x' = \frac{x - x_{\min}}{x_{\max} - x_{\min}} \tag{2-5}$$

其中 x 是特征的原始值，x' 表示归一化后的值，$x_{\max}$ 和 $x_{\min}$ 分别是数据集中特征的最大值和最小值。

2.3.1.3 构建二维 SMART 数据类图

为了构建基于对抗式生成网络的磁盘故障预测模型，需要首先重新格式化 SMART 属性的输入格式。受韩国浦项科技大学人体行为检测研究 [62, 63] 的启发，本章在卷积神经网络的输入中采用了二维数据块，即类图表示（Image-like Representation）。具体来说，将一维 SMART 数据转化为二维 SMART 数据输入块，以保持时间序列 SMART 数据的时间局部性。二维 SMART 数据类图表示的构造过程如图 2-7 所示，一维 SMART 数据是指一块磁盘在特定时间点上选择的 M 个 SMART 特征采样值的集合，二维 SMART 数据表示 T 时间范围内的一组一维 SMART 数据的集合，为单色类图。其构造过程具体为：首先，将其一维 SAMRT 属性按照时间次序进行堆叠，然后，利用固定大小的滑动窗口对堆叠的一维 SMART 数据进行分块，最终，得到大小为 $M×T$ 的二维 SAMRT 属性，即 M 个特征在时间段 T 上的采样。

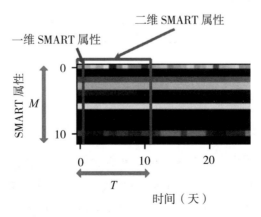

图 2-7　构建二维 SAMRT 数据类图

二维 SMART 数据类图的构造,能够有效利用卷积神经网络的特征提取的特性。另外,其构造过程简单且轻量化,因为二维 SMART 数据的构造只涉及按时间先后次序对一维 SMART 数据进行堆叠。同时,由于 SPA 的训练只需利用健康磁盘的 SMART 数据,在训练阶段只需要对健康磁盘构造二维 SMART 数据类图。

2.3.2 基于深度生成对抗网络的磁盘故障预测

SPA 从异常检测的角度来处理磁盘故障预测,其预测模型由编码器 – 解码器 – 编码器子网络组成,其中网络均利用到卷积神经网络,其框架图如图 2-8 所示。该框架引自 Akcay 等人[64]建立的基于生成对抗网络的通用异常检测框架。该框架利用了深度对抗式生成网络的生成特性和判别特性,并对生成器进行了新的设计,加上了一个新的编码器 E 来生成生成样本的特征表示。这是因为,相较于样本与生成样本间的差值,样本特征表示与生成样本特征表示间的差值能够对异常样本进行判别。下面按照模型训练和预测两个过程来对该框架进行介绍,模型更新过程将在后文进行介绍。

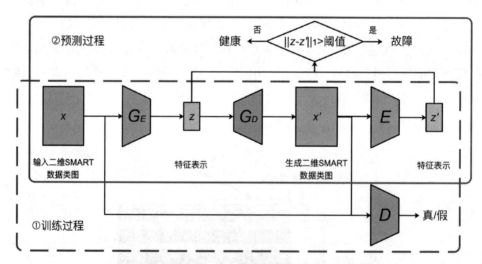

图 2-8　基于深度生成对抗网络的磁盘故障预测模型

在模型训练过程中(图 2-8 中虚线框所示),只使用健康磁盘的样本。首先,将健康样本 x(预处理得到的二维 SMART 数据类图)作为输入,并使用生成对抗网络中的自动编码器生成尽可能接近健康样本的生成样本 x'。其中自编码网络的过程如图 2-5 所示,用于图像生成的自动编码器网络可以学习输入样本 x 的特征

表示 z。编码器 G_E 用来对原始输入图片 x 进行编码，解码器 G_D 用来对编码后的图片特征 z 进行解码，解码到重构图片 x'。为了检测异常，添加了一个编码器 E 来学习重构样本 x' 的特征表示 z'。模型训练过程利用了对抗训练过程，即交替的训练生成网络和判别网络。具体来说，训练判别网络时，固定生成网络参数，并生成一个批次大小的生成样本，然后利用这些生成样本和同等数量的输入样本对判别网络进行训练。训练生成网络时，固定判别网络参数，并生成一个批次大小的生成样本，然后将这些生成样本的标签设定为真，从判别网络的输出误差开始反向传播调整生成网络的模型参数。

在模型预测过程中（图 2-8 中实线框所示），对判别网络进行删除，只利用了生成网络。将磁盘当前的二维 SMART 数据类图作为输入，经过模型中生成网络的处理，得到输入类图的特征表示 z 和生成类图的特征表示 z'。其预测原理是，利用 z 和 z' 之间的差异来衡量样本生成的有效性，两者差异越小，样本生成越好。因此，两者的差的 L1 范式 $A(X) = \|z - z'\|_1$ 被用于衡量样本异常度，即当其值大于某一阈值时，表示样本异常，即该磁盘将发生故障。其背后原因是，在训练时，只利用了健康磁盘的样本，模型只学习了健康磁盘样本的分布，使得健康磁盘样本的差异更小，即 z 和 z' 差距小。在预测时，如果输入样本来自故障磁盘，则会因为故障样本偏离健康样本的分布，导致 z 和 z' 差异更显著。

在磁盘故障预测场景中，随着磁盘使用时间的推进，磁盘 SMART 数据的底层分布会随时间逐渐变化 [24, 29]。这一现象会导致在前期收集到的 SMART 数据与当前收集到的 SMART 数据不属于同一分布。由于当前预测模型是在旧数据上训练得到的，这使得旧模型面临模型失效的问题，即先前训练的旧模型将失去对新到来的 SMART 数据进行预测的有效性，这一问题被称为模型老化问题。

为了解决模型老化问题，SPA 利用卷积神经网络的微调特性对已有的旧模型进行在线更新。微调是一种将训练模型参数从一个数据集迁移到另一个数据集的通常技术。微调通过在新到来的数据上进行重新训练旧模型，来更新模型参数，即实现模型更新。在微调中，旧模型并没有被抛弃，而是继续使用，它抛弃的是已经经过模型训练的旧数据。这点与已有的离线模型的更新策略截然不同。在两种常用的离线更新策略，即累积更新策略和一个月替换策略 [24] 中，两种策略均会对旧模型进行丢弃，基于新数据重新训练全新的模型。而且对于累积更新策略来说，需要对全部已经收集到的数据进行保留，因为每次模型更新都会重新在全量数据集上训练新模型。故而，在这两种更新策略中，由于需要丢弃模型保存数据，导致其模型更新成本高且过程繁复。

不同于离线模型中标签已存在的情形，在线更新需要解决样本在线打标签问题。在线更新中，由于训练样本不断到达，且磁盘状态不确定，样本标记非常具有挑战性[29]。为了解决这个问题，SPA 对肖等人提出的自动在线延迟打标签方法[29]进行了改进。改进有如下两点：第一，在肖等人使用的监督方法中，健康样本和故障样本都用于训练模型，SPA 中半监督方法只使用健康样本[29]。第二，SPA 中使用的微调特性对模型更新频率进行了放松，即 SPA 在更新模型时使用批量样本而不是单个样本。

算法 1 给出了有模型更新的基于深度生成对抗网络的磁盘故障预测的具体步骤。具体来说，SPA 中模型更新过程为：使用固定长度的先进先出（First-In-First-Out）队列 Q_i 来存储磁盘 D_i 的一维 SMART 样本并保持队列中的样本为未标记状态。在本章中，队列 Q_i 的长度被设定为 7，即保留最近 7 天的数据为未标记状态。这样做是为了避免故障的样本被错误标注为正常，因为本章将故障磁盘故障前 7 天内的样本均当作故障样本。样本标记过程为：当 D_i 发生故障后，队列 Q_i 中的所有样本都将标记为故障样本；如果 D_i 仍在运行，则队列 Q_i 输出最先进入队列的样本，然后将样本标记为健康样本并存放在一维 SMART 数据集 S 中，同时将磁盘 D_i 的最新一天的样本输入队列中。当一维 SMART 数据集 S 已满时，将它们构造成如图 2-7 所示的二维 SMART 数据类图，并存放到二维 SMART 数据集 S' 中。然后利用二维 SMART 数据集 S' 中的二维 SMART 数据类图对已有的旧模型进行微调，即模型更新。在实际使用中，SPA 每月更新一次模型。注意，在本章中，模型更新间隔与预测时间间隔是不等的，SPA 的预测间隔为每天一次，仍可以实现对当前收集到的每个样本进行预测。

算法 1 基于生成对抗网络的磁盘故障预测模型更新算法

输入：磁盘编号 i，当前一维 SMART 数据 $\vec{x}$，当前磁盘状态 y，一维 SMART 数据集合 S，二维 SMART 数据集合 S'

输出：预测结果 y'；

1: // 模型更新阶段

2: **if** $y == 1$ **then**　　　　　　　　　　　　　　▷ 磁盘 D_i 为故障磁盘

3:　　deleteDisk（Di）

4: **else**　　　　　　　　　　　　　　　　　　　▷ 磁盘 D_i 为健康磁盘

5:　　**if** isFull（Qi）**then**

6:　　　　$\vec{x}'$ dequeue（Qi）

7:　　　　enset（S，$\vec{x}'$）

8:　　**end if**

9:　　enqueue（Qi，$\vec{x}$）

10:　**if** isFull（S）**then**

11:　　　$S' \leftarrow 1Dto2D$（S）　　　　　　▷ 利用一维 SMART 数据集合构建二维 SMART 数据集合

12:　　　fine-tune（oldGAN，S'）　　　　　▷ 利用二维 SMART 数据集合对旧模型进行更新

13:　　　emptyset（S）　　　　　　　　　　　▷ 清空一维 SMART 数据集合

14:　**end if**

15:　// 模型预测结果

16:　$X \leftarrow 1Dto2D$（Qi）　　　　　　　▷ 利用队列 Q_i 构建二维 SMART 数据

17:　$y' \leftarrow predictGAN$（X）

18:　**if** $y' == 1$ **then**　　　　　　　　　　　▷ 磁盘 D_i 被预测为故障磁盘

19:　　　Triggeranalarm

20:　**end if**

21: **end if**

2.4 实验评估

2.4.1 数据集

从 2013 年开始，Backblaze 每年（从 2016 年开始，改为每季度一次）发布其公司数据中心磁盘的 SMART 采样数据，采样频率为每天一次。为了对 SPA 进行评估，本章使用 Backblaze 公开的采集于实际数据中心的数据集[①]，该数据集的时间跨度为 12 个月，从 2017 年 1 月到 2017 年 12 月。该数据集包含数十个不同型号的磁盘，为了方便

———————————

[①] https://www.backblaze.com/b2/hard-drive-test-data.html

训练及预测，选取其中故障最高的两个型号磁盘的数据，分别为希捷的 ST4000DM000 和 ST8000DM002。依据它们所包含的数据大小，分别表示为大数据集和小数据集。数据集概要如表 2.2 所示，其中故障磁盘表示在 2017 年进行更换的磁盘。

表 2.2　数据集

数据集	磁盘型号	类别	磁盘数
STA（large−size）	ST4000DM000	好	33 701
		坏	1 508
STB（small−size）	ST8000DM002	好	9 887
		坏	92

2.4.2 实验设置

为了对 SPA 方法的预测效果进行评估，将全部 SMART 数据集中的每个样本以磁盘为单位按 7∶3 随机分为训练集和测试集，并保证训练集中的样本采集时间要先于预测集中的样本采集时间，然后利用训练集构建预测模型，并在测试集上对预测进行验证。

为了将 SPA 与已有的有监督模型的预测准确率进行对比，本节将其与三种常被用于磁盘故障预测的二类分类模型进行了比较。这些方法包括随机森林、支持向量机和多层感知机。其中，由于其良好的预测性能，随机森林被认为是当前最优的磁盘故障预测方法[28, 29]。这三种方法的设置如下，对于随机森林，使用不同数量的树进行实验，经测试，在树的数目为 150 棵的时候，其效果最佳，故使用 150 棵树得到的实验结果作为本章中随机森林的最终结果。对于支持向量机，使用 LIBSVM 库[65] 中实现的模型，并使用线性内核进行实验。对于多层感知机，使用三层网络，其中隐藏层中有 64 个节点，使用 ReLU 函数[66] 作为激活函数，并将最大迭代次数设置为 1 000，学习率设置为 0.01，采用 Adam[67] 进行优化。

在与基于有监督模型的磁盘故障预测方法进行对比之前，为了保证公平性，本章分别对数据和更新过程进行了如下处理。第一，由于有监督模型中需要同时用到健康磁盘的数据和故障磁盘的数据进行模型训练，故而存在正负样本不均衡问题。正负样本均衡的训练数据集对于有监督的机器学习方法至关重要，因为正负样本不均衡会导致有监督学习方法出现较差的预测效果[68]。为了缓解有监督方法存在的正负样本不均衡问题，对不均衡训练数据集中的健康磁盘样本进行降采样，使得正负样本数量大致相当，从而得到正负样本均衡的训练集。具体地，对健康样本采用不同比值的降采样[69]，最终得到故障样本与健康样本比为1∶1到1∶50不等的数据集。在最后的训练集中，由于在比值为1∶5的数据集上得到的预测效果最佳，故对于有监督模型，后文将这一比值固定为1∶5。第二，由于离线的有监督模型没有自动更新的特性，存在模型老化的问题，故而对离线模型定期进行手动的模型更新处理。具体来说，利用累积更新策略，在收集到目前为止的所有数据中对离线模型进行重新训练，并由新训练的数据代替旧模型。

对于 SPA，将其潜在变量 z 的大小设置为100。对于二维 SMART 数据的大小，依据卷积神经网络常用的方形图像表示形式，本书选择将切分时间范围 T 设置为与特征数 M 相同的值，即12。由于 SPA 只需利用健康样本来进行训练，所以省去了为解决不均衡样本而做的重采样。为了解决模型老化问题，SPA 利用最近一个月收集的训练数据对模型进行了微调，并每月在测试集上评估模型的预测性能。与在线学习模式不同的是，在线学习模式需要对每个新到来的模型进行更新[29]，而 SPA 是每月更新模型。为了更贴合实际的应用场景，即样本是连续到来的，SPA 每月使用新到来的数据对模型进行更新，并用更新后的模型对下一个月的数据进行测试，然后统计测试效果（故障检测率和误报率）。

2.4.3 实验结果

2.4.3.1 与现有方法进行对比

图 2-9 描述了不同磁盘故障预测方法在大数据集 STA 和小数据集 STB 上的故障检测率，其中横坐标为月份，纵坐标为每月测得的故障检测率。为了便于比较，依照当前最前沿研究（state-of-the-art）[29] 的设定，本章亦将误报率限定为 1.0% 左右，然后对该限制下的故障检测率进行测量。由于有更新的离线随机森林与在线随机森林[29] 的预测效果不相上下，且前者需要调节的参数更少、更易达到最优预测效果，本书将累计更新的离线随机森林作为对比方法。

由图 2-9 可以观察到，在这两个数据集的模型预测的开始阶段，由于训练样本不足，可以观察到有监督方法出现了冷启动现象，即在最初的预测月份表现出较低的故障检测率。同时，对于 STB 数据集上的模型预测的前期，由于训练样本不足和模型本身学习能力有限，BP 和 SVM 甚至出现了误报率调整不到 1.0% 左右的情形。对于 SPA 来说，SPA 在模型预测一开始就达到了较高的故障检测率，这表明 SPA 在磁盘投入使用的前期也能够对磁盘进行很好的预测。取得好的预测效果的原因是，SPA 不需要利用故障样本，它只在健康样本上进行训练。由于 SMART 数据按天进行收集，故而在数据中心磁盘故障预测中，即使在磁盘投入使用的前期，健康样本也十分充足，故不存在训练样本不足的情形。

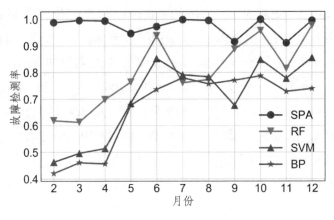

（a）STA 数据集

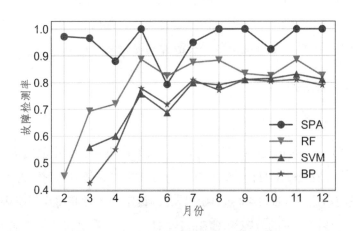

（b）STB 数据集

图 2-9　不同预测方法的故障检测率对比

同时，可以观察到，随着时间的推移，有监督方法的故障检测率逐渐上升。这是因为 SMART 数据逐渐累计使得训练数据集增大，更大的训练集提升了有监督方法的预测效果。对于 SPA，其在模型长期使用的过程中仍然维持高的故障检测率，同时其故障检测率也要优于有监督方法的。其原因有如下两点：第一，监督学习方法只能够对已知的磁盘故障模式进行检测，而基于异常检测方法的 SPA 能够检测到未知或从未被发现的异常情况[64]；第二，SPA 中用到了二维 SMART 数据和深度卷积神经网络，能够很好地提取 SMART 数据中的时间序列特征。由此可以得出结论，使用二维 SMART 数据的 SPA 方法优于使用一维 SMART 数据的基于有监督机器学习的方法；SPA 适用于磁盘使用的早期和长期使用情形，同时适用于大规模和小规模数据中心的使用。

2.4.3.2　二维图像表征的有效性

为了验证本章所提出的二维 SMART 数据类图表示的有效性，本小节评估了利用不同时间范围 T（包括 1、4、8 和 12，以天为单位）构建的二维 SMART 数据类图表示对预测结果的影响。具体来说，因为本章使用的 SMART 数据是按天进行收集的，故 $T=1$ 表示没有利用时间序列数据的特殊情况，即输入数据为一维 SMART 数据。所以对于验证二维 SMART 数据有效性来说，$T=1$ 作为对照组，另外的 T 值作为实验组。也就是说，除了 $T=1$ 外，其他 T 值表示不同大小的二维 SMART 数据。以 $T=4$ 来说，表示利用了连续 4 天的一维 SMART 数据进行堆叠得到的二维 SMART 数据类图表示作为输入数据，其余情况依此类推。

图 2–10 显示了数据集 STA 和 STB 在不同时间范围 T 下的故障检测率，其中横坐标为月份，纵坐标为每月测得的故障检测率。这些故障检测率是在将误报率限制在 1% 左右的情况下测量得到的。如图 2–10 所示，在两个数据集中，$T=1$ 均取得了令人满意的预测效果。这表明，即使在不利用时间序列特征的情形下，本章所提出的基于对抗式生成网络的策略对于磁盘故障预测来说仍具有效性。同时，也可以观察到，用其他 T 值训练得到的模型在整体预测准确率上始终优于 $T=1$ 的情形，且预测效果更稳定。这证明二维 SMART 数据表示的有效性，得益于二维 SMART 数据结合卷积神经网络有效地利用了 SMART 数据内部的时间序列特征。当比较四种 T 值下的故障检测率时，发现基于 $T=12$ 训练得到的模型在整体预测准确率和预测稳定性上要优于其他 T 值训练得到的模型，即输入数据正好是正方形图像表示时预测效果最佳。因此，在下面的实验中将 T 设置为 12 以获取更好的预测效果。

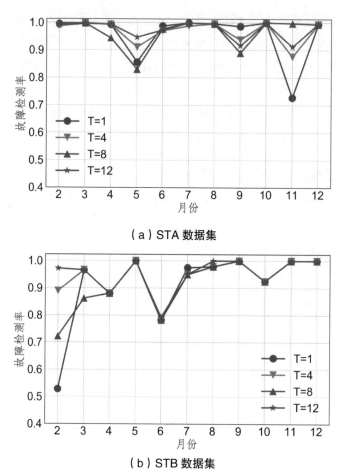

（a）STA 数据集

（b）STB 数据集

图 2-10　不同时间窗口下的预测结果对比

2.4.3.3 模型更新的有效性

　　虽然已有研究工作对磁盘预测中模型更新的必要性和有效性进行了实验验证 [21, 29]，但均局限于有监督的机器学习模型。为了评估在 SPA 的半监督方法中模型更新的必要性和有效性，本小节对有更新模型和无更新模型的预测效果进行测试。其中无更新模型表示始终使用第一个月的数据训练的模型来对新到来的数据进行预测，有更新模型表示每月利用新到来的数据对模型进行更新。

　　图 2-11 给出了模型更新和模型不更新方法在数据集 STA 和 STB 上的误报率，其中横坐标为月份，纵坐标为每月测得的误报率。这些误报率是在将故障检测率（FDR）限制在 85% 左右的情况下进行测量得到的。可以看出，当故障检测率被设置在 85% 左右时，对于有更新的模型，SPA 可以实现误报率为 0 的效果。换句

话说，有更新模型能够在不产生任何错误警报的情况下检测到 85% 的故障磁盘。可以发现，有更新的模型的误报率要优于没有进行更新的模型的预测效果。

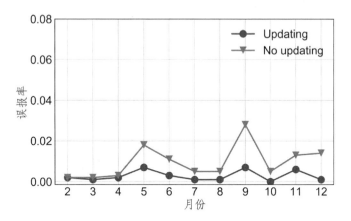

（a）STA 数据集

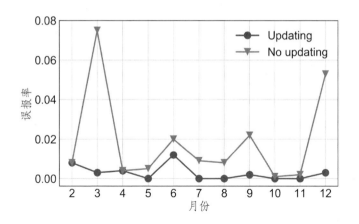

（b）STB 数据集

图 2-11 模型更新与模型不更新对 FAR 的影响对比

　　此外，图 2-12 给出了模型更新和模型不更新在数据集 STA 和 STB 上的故障检测率，其中横坐标为月份，纵坐标为每月测得的故障检测率。这些故障检测率是在将误报率（FAR）限制在 1% 左右的情况下进行测量的。同时也可以发现，有进行更新的模型的故障检测率要优于没有进行更新的模型的预测效果。

　　因此可以得出结论，尽管不更新模型时，误报率和故障检测率是可接受的，但在更新模型情形下的误报率和故障检测率总是更佳的。另外，从图 2-12 中可以观察到有更新模型的稳定性也优于无更新模型。其原因是，无更新模型利用第一个月收集到的数据进行训练，由于 SMART 数据的分布是随时间变化的，这阻碍了它们对新到来的数据进行有效预测[29]。这些结果表明模型更新在基于异常检测方法的磁盘故障预测中也是必要和有效的。此外，还可以观察到不论是在有更新方法还是不更新方法中，误报率和故障检测率均会随月份而波动。这种现象是由数据集内部固有的波动性引起的，即每个月发生故障的磁盘数量和不可预测的故障磁盘数量之间存在显著差异[29]。这导致不同月份间故障总数量和预测出来的故障数量均存在差异，使得误报率和故障检测率产生波动。

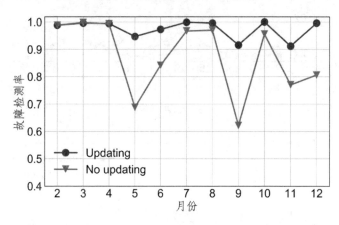

（a）STA 数据集

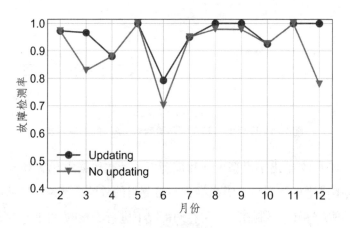

（b）STB 数据集

图 2-12　模型更新与模型不更新对 FDR 的影响对比

2.5　本章小结

本章从异常检测的角度出发，提出了一种基于生成对抗网络的磁盘故障预测方法 SPA。不同于以往的有监督分类方法，SPA 将磁盘故障预测转化为异常检测问题，即将磁盘故障当作异常样本。其好处是，在训练过程中只需使用健康磁盘的数据，避开了数据不平衡问题。此外，SPA 通过利用卷积神经网络强大的特征提取特性对构建的二维 SMART 数据进行自动的特征提取，避免了繁重且严重依赖领域知识的手工特征提取过程，从而实现端到端的训练。最后，利用神经网络的微调技术，SPA 能够进行更轻量化的模型更新。为了评估 SPA 的有效性，在两个真实使用场景的数据集进行了敏感分析和实验验证。实验结果表明，SPA 中新提出的二维 SMART 数据的构建能够提升模型的预测能力。并且，与当前常用的基于有监督分类方法的磁盘故障预测方法进行比较，SPA 能够在磁盘使用的早期和长期均取得更优的故障预测性能，既解决了模型冷启动问题，又解决了模型老化问题。

第3章
磁盘故障预测中预测错误代价优化方法 VCM

磁盘故障预测并非百分之百的准确，在预测过程中不可避免地会出现误报和漏报。误报是指将健康磁盘错误预测为故障磁盘，误报会导致不必要的数据迁移和磁盘替换；漏报是指将故障磁盘预测为健康磁盘，漏报会使得存储系统不得不启用开销更大的被动数据恢复。本章提出了一种磁盘故障预测错误代价优化方法 VCM（Value Cost Model）。

首先，从故障预测错误带来的代价出发，引入预测错误代价指标 MCTR（Mean Cost To Recovery）。然后，利用代价敏感学习对预测错误代价进行量化，并通过阈值滑动法来寻找获取到最小预测错误代价的最优预测阈值。最后，利用三个来自真实使用场景的数据集对 VCM 进行评价。实验结果表明，与未进行磁盘故障预测的数据保护方法相比，VCM 将预测错误代价降低了 86.9%；与对代价不感知的磁盘故障预测方法相比，VCM 将预测错误代价降低了 22.3%。本章的组织结构如下：首先，在 3.1 节给出 VCM 的研究背景与动机；接着，在 3.2 节对代价敏感学习进行简介；随后，在 3.3 节详细讨论 VCM 的设计方案；其后，在 3.4 节对 VCM 进行测试评估；最后，在 3.5 节对本章进行小结。

3.1 VCM 的研究背景与动机

3.1.1 故障预测错误带来的代价

为了确保可靠的数据存储和高数据可用性，数据冗余技术被提出，并被作为应对磁盘故障的补救方法部署到存储系统中[70]。然而，数据冗余技术是被动的容错技术，用于在磁盘故障发生后对故障数据进行重建。这就使得冗余技术存在故障恢复数据传输量大、故障恢复时间窗口长及影响健康用户 I/O 性能等缺点。为了降低属于被动保护的冗余技术带来的高可靠性维护开销，主动的磁盘故障预测方法被提出。主动的磁盘故障预测方法能够对即将发生的磁盘故障进行预测，并通知运维人员提前采取行动。图 3-1 显示了被动数据修复和主动数据迁移的对比。在被动的数据修复情形下，磁盘发生故障后，故障磁盘中的数据将通过对其他盘的数据进行相关计算来修复，这一过程会带来大量的数据传输开销，且十分耗时。在主动的数据迁移中，通过故障磁盘进行有效预测，可以在磁盘发生故障之前主动对其中的数据进行迁移。

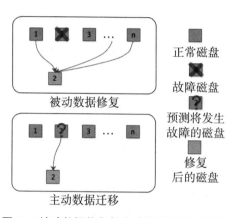

图 3-1 被动数据修复与主动数据迁移对比图

基于磁盘故障预测的主动数据迁移的好处在于两个方面：一方面，如果能够提前正确地预测磁盘故障，可以提高磁盘存储系统的可靠性和可用性，如缩短平均修复时间（Mean Time To Recovery，MTTR）[71]，延长系统的平均数据丢失时间（Mean Time To Data Loss，MTTDL），提高服务质量（Quality of Service，QoS），避免出现服务中断等[72]。另一方面，更高效的主动数据迁移可以取代更耗时和更昂贵的被动数据修复，从而降低故障恢复成本和其对性能的影响。因此，磁盘故障预测的引入不仅可以提高磁盘存储系统的可靠性，而且可以减小磁盘故障的恢复开销[17]。

在存储系统中运用磁盘故障预测的目的，一方面是提高存储可靠性，另一方面是降低维护存储可靠性的开销。前文已经讨论了正确地对磁盘故障进行预测不仅能够提升存储可靠性，而且能够降低维护存储可靠性的开销，然而，磁盘故障预测并非百分之百的准确，预测过程中不可避免地存在预测错误。在当前磁盘故障预测的研究中，往往只关注了高的预测准确率带来的存储可靠性的提升，而忽略了预测错误带来的代价。预测错误包括两种：误报和漏报，误报即将健康磁盘预测为故障磁盘，漏报即将故障磁盘预测为健康磁盘。预测错误会导致不必要的代价，具体来说，误报会导致不必要的磁盘更换，漏报会导致本可避免的高昂的被动数据修复。因此，传统的对代价不感知的预测方法不适用于降低预测错误代价这一需求，故有必要对磁盘故障预测中的预测错误代价进行研究。

3.1.2 传统指标缺乏对预测错误代价的评估

下面先对常用的磁盘故障预测的三个评估指标进行介绍，然后指出局限性。三个指标为：故障检测率（Failure Detection Rate，FDR 或 True Positive Rate，TPR）、误报率（False Alarm Rate，FAR 或 False Positive Rate，FPR）、漏报率（False Negative Rate，FNR）和曲线下面积（Areaunder Curve，AUC）[28, 29]。其中故障检测率和漏报率的总和为 1，即 FAR=1−FDR，故知道了故障检测率，也就可以直接计算出漏报率。

故障检测率定义为正确预测的故障磁盘与总故障磁盘的比率：

$$FDR = \frac{\#true\ positives}{\#true\ positives + \#false\ negatives} \tag{3-1}$$

其中，#true positives 表示正确预测的故障磁盘数目，#false negatives 表示未被预测出来的故障磁盘数目。

误报率定义为错误预测的正常磁盘与总正常磁盘的比率：

$$FAR = \frac{\#false\ positives}{\#false\ positives + \#true\ negatives} \tag{3-2}$$

其中，#false positives 表示被误报的正常磁盘数目，#true negatives 表示预测正确的正常磁盘数目。

曲线下面积 AUC 是指接受者操作曲线（ROC，Receiver Operating Characteristic Curve）[73] 下的面积。二分类模型的接受者操作曲线如图 3-2 中的曲线所示，其中横坐标为误报率，纵坐标为故障检测率。曲线下面积即为图中曲线与下轴线和右轴线围起来的面积。图中对角虚线表示随机猜测的情形，其曲线下面积为 0.5。图中预测曲线表示基于预测模型进行预测的情形，模型的曲线下面积越大，表示模型的分类效果越好。图中的点为等错误率（equal error rate），在该点误报率等于漏报率。由于曲线越靠近左上角，曲面下面积越大，而此时的等错误率就越低，故而，等误差率越低表示预测模型的预测效果越佳[74]。

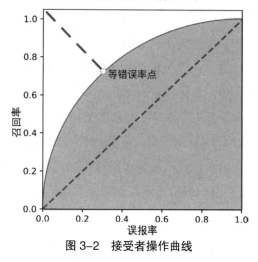

图 3-2　接受者操作曲线

这些指标对预测错误代价不感知，分类阈值被设定为 0.5，代表对误报和漏报的容忍是相同的。磁盘故障预测中存在数据不均衡问题，这使得传统的对代价不感知的预测方法难以取得低的故障恢复开销。磁盘故障预测中的数据不均衡问题是指：故障磁盘的数目要远小于健康磁盘的数目。数据不均衡问题带来的是代价不均衡，即误报和漏报带来的代价是不一样的[68]。故而，在磁盘故障预测中仍使用这一阈值设定，将会增加错误预测带来的预测错误代价。

基于以上研究动机，本章主要创新有如下三点：① VCM 为第一次提出从预测错误代价最小化的角度来考量磁盘故障预测，引入了评价预测错误代价的新指标 MCTR，并通过成本敏感学习方法来最小化预测错误代价。②为了进一步降低恢复代价，设计了一种基于投票的漏桶算法来减少误报。③利用实际数据进行实验，验证了成本敏感学习方法和漏桶算法的有效性。

3.2 代价敏感学习简介

与升采样方法和降采样方法一样，代价敏感学习[75, 76]可以被用来处理数据不均衡问题的、以获取整体的分类准确率。不同于升采样对少数类别样本进行复制和降采样对多数样本进行删减，代价敏感学习不对样本进行增减，而是为不同类别的样本赋予不同的权重。具体来说，代价敏感学习方法通过对分类问题中不同的类别赋予不同的错误分类代价来处理数据不平衡问题[77, 78]。

在代价敏感学习中，通过为正确分类和错误分类分配代价，模型训练的目标就变成了最小化分类代价[79]。在新的目标函数中，依据每个样本属于每个类别的条件概率来计算代价期望。具体来说，对于类别集合为 S 的分类问题，训练集合 T 中样本 $<X, i>$，其特征向量为 X，其真实类别为 i，预测类别为 j 的条件概率为 $P(j|X)$，其预测代价为 $C(i, j)$。当 i 等于 j 时，表示分类正确；当两者不相等时，就代表分类错误。对于特征向量为 X 的样本，其预测代价 $L(<X, i>)$ 如公式（3-3）所示。该分类模型的目标函数 L 如公式（3-4）所示，训练目标即最小化该目标函数。

$$L(\langle X, j \rangle) = \sum P(j \mid X) C(i, j) \qquad (3-3)$$

$$L = \sum_{\langle X, j \rangle \in T} L(\langle X, j \rangle) \qquad (3-4)$$

在正负样本不均衡的二分类问题中，少数类往往是人们真正关心的，因为少数类蕴含着更多的价值和信息[80]。譬如在磁盘故障预测中，由于磁盘故障是异常事件，相较于健康磁盘来说，故障磁盘属于少数类，但却是磁盘使用者真正关心的类别。根据最大后验概率估计[81]，样本属于多数类别的先验概率更大，故而不均衡的样本分布常常导致分类器偏向将样本分类成为多数类别。这与磁盘故障预测的最终目的是相违背的，如果磁盘更大概率被预测为故障，误报率就有可能超过磁盘原本的故障概率，导致得不偿失。

代价敏感学习可以接受来自使用者的设定的成本信息，并将不同的成本分配给不同类型的错误分类，以此来对预测器原有的分类偏好进行调节。在代价敏感学习中，总成本是评价分类方法好坏的唯一评估指标。可以通过多种方式实施代价敏感学习，一种常见的方法是改变分类阈值。譬如，在决策树学习方法中，与叶子节点相关联的概率阈值通常设置为 0.5，这样节点就被标记为最可能属于的类别。如果两类问题中误分类代价比被设置为 2:1，那么类概率阈值将被重置为 0.33，使得分类器更偏向于将样本分类为少数类[82, 83]。不同于升采样和降采样，在代价敏感学习中，不会复制或丢弃任何数据样本，故而不会出现过拟合和训练样本不足的问题。

3.3 VCM 设计方案

与以往的研究不同，为了更贴合磁盘故障预测的实际使用场景，本章提出
VCM 对磁盘预测方法的预测错误代价进行考量。如图 3-3 所示，基于价值敏感学
习的磁盘故障预测模型分为训练过程和测试过程，其中训练过程训练得到故障预
测器和阈值，预测过程利用故障预测器和选择的阈值对磁盘故障进行预测，得到
预测结果。训练过程分为两个阶段：在第一阶段，在训练数据集上训练得到磁盘
故障预测器，磁盘故障预测器的输出为磁盘故障的概率。在第二阶段，通过输入
的误报代价和漏报代价，根据磁盘故障概率，计算在不同阈值情形下的预测错误
代价，并通过阈值滑动方法选择合适的阈值，以获得最小的磁盘故障恢复成本。
为了得到磁盘级的预测结果，引入了基于投票的漏桶算法，将样本级预测结果映
射到磁盘级预测结果。在下面的小节中，将讨论设计方案的具体细节。

3.3.1 磁盘故障预测器

磁盘故障预测的目标是根据磁盘过去的行为（受监控的 SMART 属性）来预
测磁盘是否会在给定的时间间隔内发生故障[36]。为了应用机器学习技术，本章将
磁盘故障预测问题转化为二进制分类问题，将监控的 SMART 属性作为输入，输
出为故障概率，如图 3-3 所示。为简单起见，依据加拿大多伦多大学[36]的设定，
本章亦将时间间隔设置为故障前 7 天，即磁盘是否在接下来的 7 天内发生故障。

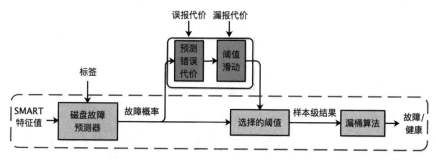

图 3-3　基于代价敏感学习的磁盘故障预测器训练及预测过程图

本章对磁盘故障预测中最常用的六种机器学习方法进行了评估，这些方法包

括逻辑回归（LR）、随机森林（Random Forest）、支持向量机（SVM）、分类与回归树（CART）、反向传播神经网络（BP）和梯度增强决策树（GBDT）。为了便于解释，将故障预测器的目标值设置为一个百分比，该百分比指示来自单个磁盘的单个样本的故障概率。

3.3.2 阈值滑动法

利用阈值滑动法选择阈值分为两个步骤：首先，引入代价敏感学习，为健康磁盘和故障磁盘分配不同错误预测代价，然后计算总的预测代价。最后，采用阈值滑动法 [77] 选择最优阈值，使预测错误代价最小化。下面先介绍错误预测代价分配，然后介绍阈值滑动法选择阈值。

如前文所述，在磁盘故障预测中，误报是指将健康磁盘预测为故障磁盘，误报会导致不必要的磁盘替换；漏报是指将故障磁盘预测为健康磁盘，漏报会导致实际有故障的磁盘启动被动数据恢复。更具体地说，过早地更换一个健康的磁盘意味着高的存储成本代价，被动地对一个真正的故障磁盘进行故障后修复而不是提前进行数据迁移，会造成恢复开销的增加和影响服务可用性 [26]。考虑到故障磁盘与健康磁盘数量不等，本章为误报和漏报分配不同的代价，具体来说，①被动修复故障磁盘的代价为 C_1；②提前更换健康磁盘的代价为 C_2。参照代价敏感学习的通常设置，本章不为正确的预测分配代价，即 T 和 TN 的代价被设置为 0。混淆矩阵及预测代价如表 3.1 所示，其中括号内的值代表预测代价。

表 3.1　二分类混淆矩阵

	预测为阳性	预测为阴性
真阳性	$TP(0)$	$FN(C_1)$
真阴性	$FP(C_2)$	$TN(0)$

在本章，对于训练数据集 T，其中样本 $<X, y>$ 中 X 为样本特征向量，y 为样本标签，$P(j|X)$ 表示将样本预测为类别 j 的概率，$C(y, j)$ 表示该样本预测为类别 j 的代价，其中 $j \in \{0, 1\}$。$C(y, j)$ 的值如表 3.1 所示，其中 $C(0, 0)=C(1, 1)=0$ 表示预测正确的代价，$C(1, 0)=C_1$ 表示漏报的代价，$C(0, 1)=C_2$ 表示误报的代价。总的预测错误代价被记为平均预测错误代价 MCTR，其计算如下：

$$MCTR = \sum_{\langle X,j \rangle \in T} \sum_{j \in \{0,1\}} P(j|X)C(y,j) \tag{3-5}$$
$$= FN \times C_1 + FP \times C_2$$

其中，FN 和 FP 分别表示漏报磁盘数量和误报磁盘数量。

故而，代价 C_1 和代价 C_2 以及预测结果决定最终的 MCTR。在磁盘故障预测中，同一预测器得到的预测结果受阈值影响。对于同一磁盘故障预测器，阈值决定 FN 和 FP 的值[84]。不通阈值下的预测结果可以表示为在 ROC 曲线中的每一个点对应一个特定阈值下的预测结果。其中，ROC 曲线上的点越靠近左上角（欧式距离），表示预测结果越佳[85]。但在实际使用中，这一衡量指标并不具有实际含义，故而最佳预测结果的选定是一个开放的问题。需要根据实际的场景来判断最优的阈值。在本章，通过引入阈值滑动过程，遍历 0 和 1 之间的所有阈值，选择获取到最低 MCTR 的阈值。其数学表示如公式（3-6）所示：

$$optimal\_threshold = \arg \min_{threshold \in [0,1]} \{MCTR\} \tag{3-6}$$

为了获得产生最小错误预测开销的最优阈值，计算了在 0 ~ 1 的全部阈值的预测错误代价。由于一个 FPR、TPR 对应确定唯一的阈值，可以根据公式（3-6）获取最优阈值。

3.3.3　漏桶算法

当磁盘处于活动状态时，SMART 会持续监控磁盘健康状态，也就是说，随着时间的推移，每个磁盘都会产生大量的 SMART 样本。到目前为止，上述阶段得到预测结果为单个样本的预测结果，而不是磁盘级的预测结果。先前的研究认为，如果这些样本水平的结果中有一个被预测为故障，那么磁盘就是一个故障磁盘[18, 19]。然而，笔者发现这种方法不适用于磁盘故障预测，这是一个数据不平衡的问题。由于健康的磁盘占大多数，略微增加的误报率将导致恢复开销的巨大浪费。在保持高故障检测率的同时，使误报率保持在较低的水平。即该算法并不直接使用单个样本进行最终的磁盘是否出现故障的判断，而是同时考量同一磁盘的一个或多个样本级结果来对磁盘健康状态进行判别，为了得到磁盘级的预测结果，本章引入了一种基于投票的漏桶算法，将同一磁盘的一个或多个样本级预测结果映射到磁盘级预测结果。漏桶算法是一种简单的开环控制方案，最初被用于网络整形，为所有具有可接受的实现成本的网络用户提供满意的服务质量（Quality of

Sevice，QoS）[86, 87]。阮等人[88]通过研究内存错误的故障模式，发现在指定的时间段内出现一定数量的错误这一现象是将来可能出现无法纠正的内存错误的一个很好的衡量指标。在磁盘故障预测中，漏桶算法映射过程如图 3-4 所示，大小为 S 个单元的漏桶接受样本级预测结果，并对预测为故障的样本级结果进行保存，一个故障结果占据一个桶单元空间；同时，漏桶以速率 R 丢弃桶中保存的单元。当漏桶中的空间被占满，如果有新的预测为故障的样本级结果到来，则会发生漏桶溢出的情形，此时会将磁盘级预测结果设定为故障；其余情形，磁盘级预测结果则被设定为健康。

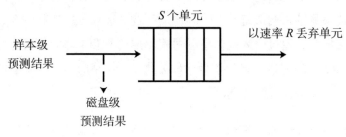

图 3-4　漏桶算法过程图

算法 2 漏桶算法

输入：磁盘的样本集合 $S[1\cdots t]$，预测器 Predictor（ ），漏桶大小 S，泄漏速率 R，已处理样本数 T；
输出：磁盘级预测结果；

1: $T \leftarrow 0$ ▷初始化已处理样本数
2: **for** $i \leftarrow 0$，t **do**
3:　　$T \leftarrow T+1$
4:　　**if** *Predictor*（$S[i]$）==1**then**
5:　　　　*Count* $\leftarrow$ *Count*+1 ▷累计已故障样本数
6:　　**end if**
7:　　**if**（$T\bmod^1$）==0 and *Count* > 0 **then**
8:　　　　*Count* $\leftarrow$ *Count*–1 ▷以泄漏速率 R 对已故障样本进行丢弃
9:　　**end if**
10:　　**if** *Count* $\geqslant S$ **then**
11:　　　　**return** soon-to-fail
12:　　**end if**
13: **end for**
14: **return** good

如算法 2 所示，算法为每一块磁盘分配一个大小为 S 个单元的漏桶，其丢弃率为值大于 0 的 R，即丢弃间隔为 1。T 表示当前达到漏桶的总样本预测结果数目，Count 是漏桶内当前的样本级故障计数。首先，该磁盘的一个样本通过预测器 Predictor（）预测，得到样本级预测结果。然后，对该样本级预测结果进行判断，如果为故障磁盘，则被保存到漏桶中，即对 Count 进行加一操作；否则，不被保存。同时，以速率 R 丢弃桶中保存的故障样本预测结果，即对 Count 进行减一操作。如果 Count 数目大于桶大小 S，则发出磁盘级预测结果。

3.4　实验评估

3.4.1　数据集

基于有监督学习的磁盘故障预测需要磁盘故障数据集对模型进行训练和测试。以下是使用的数据集的细节。在评估中，使用了来自 Backblaze 和百度公司两个不同制造商的真实数据中心的三个数据集。百度公司的数据集是从包含 94 499 个磁盘的数据中心收集的，这些磁盘是从 2011 年 5 月到 2013 年 3 月监控的。在全部磁盘中，有 2 442 个故障磁盘和 92 057 个健康磁盘。故障和健康磁盘的 SMART 属性在 120 小时到 480 小时的时间段内进行采样，采样频率为每小时采集一次。Backblaze 的两个数据集分别包含来自 35 185 个磁盘和 16 250 个磁盘的 SMART 数据，从 2017 年 1 月到 2017 年 12 月为期 12 个月，采样频率为每天一次。所利用到的数据集详情见表 3.2。

在本章的工作中，磁盘故障的定义为：如果磁盘作为故障修复过程的一部分被替换，则认为该磁盘已经发生了故障[2]。磁盘更换操作的时间并不一定表示磁盘故障发生的时间，磁盘更换操作有可能发生在磁盘故障一段时间后。在本章，将使用 SMART 的最后一条记录时间作为故障发生时间。然后，将磁盘故障发生前的 7 天之内的 SMART 数据标记为故障数据；否则，将 SMART 数据标记为健康数据[89]。

表 3.2 数据集

数据集	厂商	型号	类别	磁盘数
B	Seagate	ST31000340NS	健康	92 057
			故障	2 442
S	Seagate	ST4000DM000	健康	34 126
			故障	1 059
H	HGST	HMS5C4040BLE640	健康	16 164
			故障	86

为了建立预测模型，随机选择 70% 的健康磁盘和故障磁盘作为训练集，并使用剩下的 30% 的磁盘作为测试集。

3.4.2 数据预处理

3.4.2.1 降采样

为了评估模型的预测精度，将数据集分为训练集和测试集。对于健康磁盘和故障磁盘，将它们随机分为数量比例为 7 : 3 的训练集和测试集。由于故障磁盘的数量明显少于健康磁盘，为了获得故障样本和正常样本数量大致均衡的训练数据集，对健康磁盘样本进行降采样[69]，即以不同的降采样频率随机选择训练集中的健康磁盘样本。对于故障样本，由于数量较少，保留所有故障样本用于训练模型。不同的降采样得到包含不同比率的故障样本与健康样本的训练集。在故障样本与健康样本比例在 1 : 1 至 1 : 10 之间的数据集上分别训练随机森林模型，发现不同比例下的预测结果之间的差异并不显著。由于在比例为 1 : 9 的数据集上的预测效果最佳，本章后续均选择基于此比率的数据集来构建预测模型。

3.4.2.2 特征选择

利用第 2 章给出的特征选择方法，最终选择 12 个与磁盘故障最相关的 SMART 属性特征来构建训练数据集和测试数据集，所选属性如表 3.3 所示。数据集 H 的所选 SMART 属性与其他两个不同，原因是来自不同制造商的磁盘具有不同的特性。

表 3.3 筛选的 SMART 属性列表

属性号	属性名	数据集	类型
1	Real_Read_Error_Rate	B，S，H	规范化值
3	Spin_Up_Time	B，S，H	规范化值
4	Start_Stop_Count	B，S，H	原始值
5	Reallocated_Sector_Count	B，S，H	原始值
7	Seek_Error_Rate	B，S，H	规范化值
9	Power_On_Hours	B，S，H	规范化值
10	Spin_Retry_Count	B，S，H	规范化值
12	Power_Cycle_Count	B，S，H	原始值
187	Reported_Uncorrect	B，S	规范化值
194	Temperature_Celsius	B，S，H	规范化值
197	Current_Pending_Sector	B，S，H	原始值
198	Offline_Uncorrectable	B，S，H	原始值

3.4.2.3 特征归一化

由于不同 SMART 属性的取值范围不同，为了保证它们之间的公平比较，需要进行归一化处理。为了测试特征归一化方法的影响，除测试第 2 章中的 Min–Max 归一化外，本章也测试了 Z–score 归一化[90]。Z–score 归一化计算公式如下：

$$x' = \frac{x - \mu}{\sigma} \tag{3-7}$$

其中 x 是特征的原始值，x' 为特征归一化值，μ 和 σ 分别是数据集中特征的平均值和标准偏差。

3.4.3 实验设置

为了建立磁盘故障预测模型，评估了六种不同的机器学习方法，包括逻辑回归、随机森林、支持向量机、分类与回归树、反向传播神经网络和梯度增强决策树。对于逻辑回归，进行了 L2 正则化实验，学习率为 0.01。对于随机森林，对不同数量的树进行了试验，并确定使用 200 棵树作为本章的结果。对于支持向量机，使用 LIBSVM 库[65]，并使用四种不同的内核进行实验：多项式、线性、乙状、径向基函数内核。对于分类与回归树，设置最小叶子节点样本数为 10，最小分割为 10，使用 gini 系数来作为决策指标。对于反向传播神经网络，使用三层网络，在隐藏层中有 64 个节点，隐藏层和输出层都使用 ReLU 函数[66] 作为激活函数，并将最大迭代次数设置为 2 000，学习率设置为 0.01，并采用 Adam[67] 进行优化。对于梯度增强决策树的参数设定，使用 100 棵树，学习率为 0.1。

3.4.4 预测结果

表 3.4 显示了在三个不同的数据集上，六种不同的分类方法在不同特征工程步骤下的预测结果。表中数值为曲线下面积（AUC），加粗数值表示同一数据集相同特征工程情形下取得的最大 AUC 值。AUC 值表示接受者操作曲线（Receiver Operating Characteristic Curve，ROC）下的面积，其值越大表明模型的预测效果越好。表中所示的特征工程方法包括特征选择和两种不同的特征归一化方法，即 Min−Max 归一化和 Z−score 归一化。

表 3.4　不同特征工程下的预测结果（AUC 值）

数据集	方法	特征工程		
		Min−Max	Z−score	Z−score+ Feature Selection
B	LR	0.7927	0.7937	0.7817
	SVM	0.7724	0.7776	0.7900
	Forests	0.9011	0.9033	0.9778
	CART	0.8518	0.8539	0.9113
	BP	0.8061	0.8243	0.8069
	GBDT	0.8106	0.8110	0.8133
S	LR	0.7556	0.7547	0.7605
	SVM	0.7617	0.7626	0.7451
	Forests	0.9094	0.9385	0.9834
	CART	0.8921	0.8809	0.9284
	BP	0.8257	0.8719	0.8161
	GBDT	0.8234	0.8234	0.8459

续表

数据集	方法	特征工程		
		Min–Max	Z–score	Z-score+ Feature Selection
H	LR	0.7732	0.7729	0.7856
	SVM	0.7119	0.7152	0.8089
	Forests	0.9525	0.9585	0.9797
	CART	0.9148	0.9290	0.9269
	BP	0.7711	0.7750	0.8598
	GBDT	0.8500	0.8591	0.8324

首先对比两种不同的特征归一化方法。由表 3.4 可知，对于所有的分类方法，在 Z-score 归一化下的 AUC 值都要优于 Min-Max 归一化下的 AUC 值，这表明了 Z-score 归一化方法的优越性。故而在与特性选择进行结合的实验中，只显示了 Z-score 归一化与特征选择共同处理后的数据集上的分类效果。相比于未进行特征选择的方法，加了特征选择后的方法的分类效果更优，表明了特性选择能够提升模型的预测准确率。其原因是，特征选择能够剔除掉与磁盘故障无关的特征，选择与磁盘故障最相关的特性进行模型训练，使得预测模型能够更快地从数据中学习到磁盘故障模式。当对不同分类方法进行比较的时候，随机森林的效果是最佳的，这得益于随机森林中运用的集成学习方法和树方法本身的易训练特性[36]。

AUC 值只体现了预测模型的整体水平，在实际进行故障预测时，需要观察预测模型的误报率和漏报率。为了更直观全面地展示不同分类方法的预测结果，图 3-5 显示了表 3.4 中每种分类方法在取得最佳预测结果（AUC 值最大）情形下的误报率与漏报率的对比。由图 3-5 可知，在三种不同的数据集上，随机森林总是优于其他分类器的预测效果。其原因是随机森林的参数很少，所以很容易训练。对于其他分类器，需要进行大量的调整，使其难以达到合理的高精度[36]。由于磁盘故障分类器的预测准确率直接关系到预测错误代价，所以预测准确率越高代表预测错误样本数量越少，在下面的实验中统一使用了预测准确率最高的随机森林进行实验。

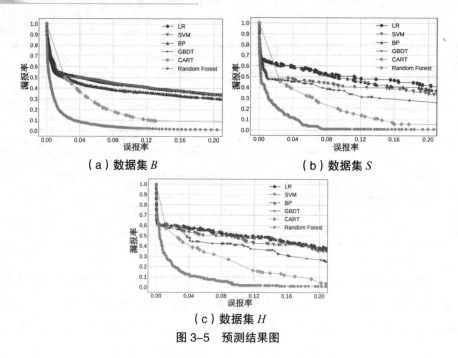

（a）数据集 B　　　　　　　　　（b）数据集 S

（c）数据集 H

图 3-5　预测结果图

3.4.5 预测错误代价的实验结果

3.4.5.1 阈值滑动法的有效性验证

图 3-6 显示了不同机器学习方法下不同阈值（横坐标）情形下的归一化后的平均预测错误代价（纵坐标）。图中黑色虚线表示没有整盘故障预测的情形（误报率为 0，漏报率为 1 的情形，对应图中阈值为 1 的情形）下的归一化平均预测错误代价，其归一化后的值为 1，其余情形下的平均预测错误代价即按此值情形下的原始值进行归一化。

不同的阈值会产生不同的分类结果，即不同的误报率和漏报率，最终会带来不同的平均预测错误代价。从结果中可以看出，在大多数阈值下，平均预测错误代价都小于 1，即低于没有整盘故障预测的情形，这表明磁盘整盘故障预测能够有效地降低预测错误代价。对于三个数据集，平均预测错误代价大于 1 的结果都集中在阈值比较低的情形。阈值低表明预测器更倾向于将磁盘预测为故障盘，这会导致误报率的显著上升，同时也会使得漏报率下降。但综合来看，由于数据集中健康磁盘占绝大多数，最终使得误报率上升带来的代价增加超过漏报率下降带来的代价减少的量，使得平均预测错误代价上升。由此可得，阈值选择会对平均预测错误代价产生很大的影响。相比于对错误预测代价不敏感的方法（阈值固定为 0.5 的情形）来说，阈值滑动法能够根据不同阈值情形下的平均预测错误代价来对阈值进行调整，最终选择获取平均预测错误代价最小的阈值。譬如，对于数据集 S 来说，使其获取平均预测错误代价最小的阈值为 0.4，而不是对错误预测代价不敏感的方法中设定的 0.5。故而，阈值滑动法能够通过调整阈值来降低预测错误代价。

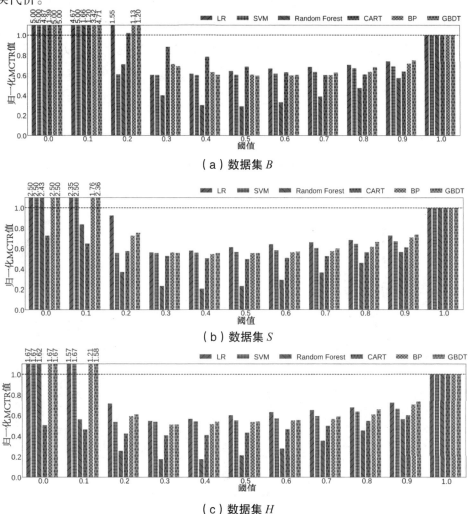

（a）数据集 B

（b）数据集 S

（c）数据集 H

图 3-6 不同机器学习方法下的归一化 MCTR

3.4.5.2 代价比率的敏感测试

误报和漏报的代价比率会影响选定的阈值，从而影响最终的平均预测错误代价。为了研究漏报代价 C_1 与误报代价 C_2 的比率可能产生的影响，使用数据集 B 对代价比率进行了敏感性研究。

如第 3.3.2 小节所述，漏报代价 C_1 与误报代价 C_2 取决于计算机系统的具体应用、使用水平以及所存储系统所使用的被动数据保护的类型。其中，被动的数据保护可以是多副本或纠删码或它们的组合。在多副本方案中，磁盘发生整盘故障后，需要传输以进行修复的数据与故障磁盘的容量相同。在常用的纠删码 RS(10，4)[12] 下，磁盘发生整盘故障后，需要传输的数据量是故障磁盘容量的 10 倍。在它们的组合下，传输的数据介于 1 和 10 之间。因此，为了实验的方便，设定了一个合理的比例范围，将漏报代价 C_1 与误报代价 C_2 的比率范围设置为从 1 倍到 10 倍。值得注意的是，这个比例因应用而异，应该视具体的使用场景而定。

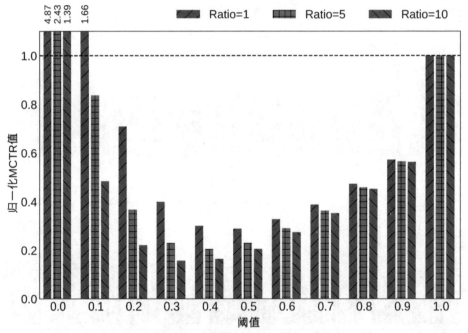

图 3-7 不同漏报误报代价比率下的归一化 MCTR

图 3-7 显示了不同漏报代价 C_1 与误报代价 C_2 比率情形下的平均预测错误代价。如图 3-7 所示，在比率为 1 的情形下，代价敏感学习方法与无故障预测情况下（黑点虚线表示）的值相比，将平均预测错误代价降低了 84.2%；与对代价不感知的方法相比，将平均预测错误代价降低了 19.5%。对于不同的漏报误报代价

比率来说，其比率越高，取得最小平均预测错误代价的阈值越小。其原因是，漏报误报代价比率越高，表示漏报的代价越高，想要取得更小的预测错误代价，则需要尽量减少漏报，调低预测阈值，会使模型更偏向于将磁盘预测成故障盘，从而降低漏报率。

3.4.5.3 漏桶算法的有效性验证

漏桶算法的设计是为了通过降低漏报率来进一步降低平均预测错误代价 MCTR，并同时保持高可靠性，即低的平均故障恢复时间 MTTR。为了验证漏桶算法的有效性，首先对比不同漏桶大小下的磁盘故障预测结果，然后对预测错误代价和平均故障恢复时间进行对比分析。

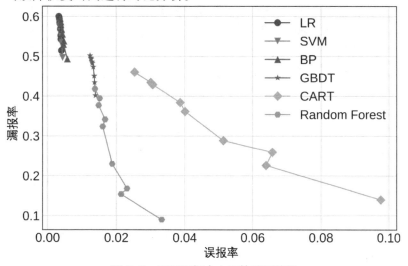

图 3-8　不同漏桶大小下的预测结果

图 3-8 显示了不同的漏桶大小下的磁盘故障预测结果。图 3-8 中的每条曲线都代表一种分类方法，每种分类方法的结果中包含 9 种不同的漏桶大小的预测结果。具体来说，不同曲线上的点对应不同的漏桶大小，从右到左分别表示漏桶大小为 1、3、5、7、9、11、13、15 和 17，其中漏桶大小为 1 表示使用样本级故障检测方法的情形。横坐标和纵坐标分别表示误报率和漏报率，曲线越靠近左下角，表示预测效果越好。首先，观察单个分类方法，当选择更大尺寸的漏桶的时候，误报率减小，而漏报率略有增加。也就是说，漏桶算法对于降低误报率是有帮助的，即降低了误报代价。然而，预测错误代价同时包含漏报代价和误报代价，需要降低的误报代价大于增加的漏报代价才能达到降低预测错误代价的目的。然后，

对比不同的分类方法，可以发现随机森林的预测效果最佳。所以，在下面的使用中，基于随机森林构建预测模型，并测量预测错误代价和平均故障恢复时间。

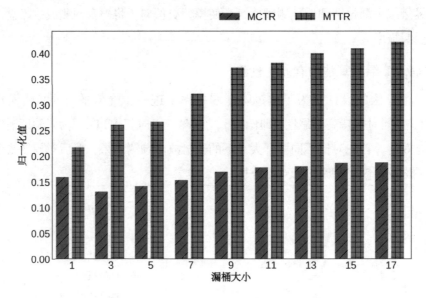

图 3-9　不同漏桶大小下的 MCTR 与 MTTR

图 3-9 显示了通过使用不同大小的漏桶的随机森林进行磁盘整盘故障预测后，得到的平均预测错误代价和平均故障恢复时间之间的对比。图 3-9 中的平均故障恢复时间是在使用纠删码 RS(10，4) 情形下测量得到的平均故障恢复时间。故障预测的使用降低了重建成本，因为该系统只需要将数据从即将发生故障的磁盘中直接迁移出去就行，只需要花费纠删码 RS(10，4) 恢复时间的 1/10 修复时间[71]。因此，在主动的整盘故障预测中的平均故障恢复时间计算为：MTTR=FNR+（1/10）×（1-FNR）。

由图 3-9 可知，当漏桶大小为 3 时，平均预测错误代价最低。与漏桶大小为 1（样本级别的整盘故障预测）的情形相比，使用漏桶算法可以降低平均预测错误代价，同时保持较低的平均故障恢复时间，即高可靠性。此外，与无故障预测情况下的值相比，最终的平均预测错误代价降低了 86.9%；与对代价不感知的方法相比，平均预测错误代价降低了 22.3%。

3.5 本章小结

本章提出从经济成本的角度建立磁盘故障预测模型，以最大程度地降低磁盘故障预测中错误预测代价。具体来说，考虑到健康磁盘和故障磁盘不同的预测错误代价，通过引入了代价敏感的学习对这两种类型的预测错误应用不同的权重，构建代价损失函数。然后采用阈值滑动法选择最优阈值，使错误预测代价最小化。此外，为了进一步降低预测错误代价，笔者提出了一种漏桶算法，在保持合理的误报率的同时，获得较低的误报率。利用三个真实场景的数据集对 VCM 进行评价，实验结果表明：与未进行磁盘故障预测的保护方法相比，VCM 将预测错误代价降低了 86.9%；与对预测错误代价不敏感的方法相比，VCM 将预测错误代价降低了 22.3%。

第4章　基于磁盘扇区故障预测的自适应扫描检测方法 FAS

对于磁盘故障而言，除了有使整块磁盘不可用的整盘故障外，也有使部分磁盘扇区不可用的扇区故障。磁盘扫描检测定期读取磁盘全部数据以便及时检测潜在扇区故障，从而缩短扇区故障从发生到被发现的时间间隔。在本章中，笔者设计了一种自适应扫描检测方法 FAS（Failure Aware Scrubbing），尝试以低的扫描检测开销进一步缩短扇区故障的发现时间。FAS 对扇区故障进行预测，根据预测结果对扫描检测频率进行动态调整。此外，基于扫描检测周期性的特性，提出了一种基于投票法的映射方法来提升预测准确率。在两个公开的真实生产环境的数据集上，实验结果证明了 FAS 在提升可靠性和降低可靠性维护开销上的有效性。与目前最先进的方法相比，FAS 在达到与前者相同的数据可靠性水平的同时，将扫描检测开销降低了 32%。本章的组织结构如下：首先，在 4.1 节给出 FAS 的研究背景和动机；接着，在 4.2 节对扫描检测进行简单介绍；然后，在 4.3 节详细讨论 FAS 设计方案；随后，在 4.4 节对 FAS 进行理论分析；其后，在 4.5 节使用真实数据集对 FAS 进行测试评估；最后，在 4.6 节对本章进行小结。

4.1 FAS 的研究背景及动机

目前，磁盘存储系统中磁盘存储总容量的增长快于磁盘存储密度的增长，因此数据中心的磁盘总数在不断增加。然而，磁盘可靠性并没有得到相应的提升[91]。磁盘存储系统可能由于多种原因丢失数据，包括设备级故障（整盘故障[29]）和块级故障（磁盘部分故障[35]）。不同于整盘故障导致的整块磁盘不可用，块级故障是指磁盘上的部分扇区变得不可读写，个别扇区损坏不会导致整块磁盘不可用。然而这并不代表扇区故障带来的影响可以忽视，扇区故障是潜在故障，磁盘通常难以感知，只有受到影响的扇区被访问的时候才能被磁盘发现。这使得在读写受扇区故障影响的扇区之前，磁盘无法对扇区故障进行报告，最终导致很难防止扇区故障对数据可靠性和可用性造成的影响[36]。潜在的扇区故障（Latent Sector Error, LSE）影响数据的可靠性和可用性分以下两种情形：①如果在系统以降级模式（例如，在 RAID 5 重建期间）运行时发现潜在扇区故障，可能会发生数据丢失[92]；②如果在读取请求期间发现扇区故障，则会出现暂时的数据不可用[93]。

在生产环境数据中心，扇区故障发生的频率很高。根据来自 Facebook 和 Google 的数据的研究[94, 95]，20% ~ 57% 的磁盘在 4 ~ 6 年内会至少出现一个扇区故障。根据来自 NetApp 的近 10 年的数据进行的研究报告[96]，NetApp 存储系统中 5% ~ 20% 的磁盘在 24 个月内出现过扇区故障。更近的 2018 年的研究来自 Mahdisoltani 等人[36]，他们对生产环境中的磁盘进行了分析，发现在大型生产环境中 7 个最常见的磁盘型号中，两个型号的磁盘中有 11% 和 25% 的受到扇区故障的影响，具体统计结果见表 4.1。

表 4.1　磁盘受扇区故障影响的比例[36]

磁盘型号	磁盘数量	受扇区故障影响的比例
SeagateST3000DM001	4 707	25.15%
HitachiHDS722020ALA330	4 774	11.84%
HitachiHDS5C3030ALA630	4 664	3.58%
HitachiHDS5C4040ALE630	2 719	2.54%
SeagateST4000DM000	36 368	1.19%
HGSTHMS5C4040ALE640	7 168	0.91%
HGSTHMS5C4040BLE640	9 426	0.24%

目前，磁盘扫描检测[97]和磁盘内部冗余[98]是两种常用的保护磁盘应对潜在扇区故障影响的方法。磁盘扫描检测定期扫描并检测磁盘，磁盘内部冗余在磁盘内部通过编码技术来部署数据冗余。本章聚焦于对磁盘扫描检测进行分析研究，不对磁盘内部冗余进行过多讨论，对于后者，可参考相关文献[99, 100]。扫描检测能

够缩短扇区故障从发生到被发现的时间间隔（Mean-Time-To-Detection，MTTD），即缩短磁盘暴露在不可靠情形下的时间窗口，可以提高磁盘存储系统的可靠性和可用性。美国威斯康星大学麦迪逊分校在 2007 年对大规模数据中心的大量磁盘扇区故障的数据进行分析，发现扇区故障发生存在显著的时间局部性 [96]。即同一块磁盘在发生一个扇区故障后，在较短时间内发生新的扇区故障的概率将会显著增大；同时，扇区故障的发生也呈现显著的空间局部性，即同一块磁盘在发生一个扇区故障后，在该故障扇区的附近的扇区发生新的扇区故障的可能性也将会显著增大。这项研究结果催生了对扇区故障局部性进行考量的新的扫描检测方案，以达到更快发现扇区故障以缩短数据暴露在不可靠情形下的时间窗口，从而提升数据可靠性 [101]。同时，除了对更复杂的数据扫描检测策略进行研究外，还有研究尝试使用机器学习方法来预测潜在扇区故障的发生，从而对磁盘扫描检测操作进行优化。Mahdisoltani 等人 [36] 提出，当扇区预测器的预测结果表明某块磁盘会出现扇区故障时，通过提高这块磁盘的扫描检测频率可以提高存储系统数据可靠性。然而，相比于不进行加速的扫描检测来说，这种方法会带来额外的扫描检测，故而这种方法必须付出额外的扫描检测开销。

由上述分析可以看出，在生产环境中应用扇区故障预测来对扫描检测操作进行有效且高效的指导是非常困难的，主要有如下两个挑战。第一个挑战是扫描检测不是免费的午餐。虽然磁盘扫描检测提高了存储系统的可靠性，但扫描检测也是有开销的，该开销涉及多个方面，例如能耗和性能影响。一方面，扫描检测频率越高，存储系统就越可靠。另一方面，更高的扫描检测频率将导致更高的扫描检测开销。然而，用于数据保护的预算总是有限的 [92]，因此必须建立更具高成本效益的方法来应对扇区故障对数据可靠性的影响。第二个挑战是，磁盘扫描检测不仅与潜在扇区故障有关，还与整盘故障有关。如前文所述，当系统在降级模式下运行时发现潜在扇区故障可能会导致数据丢失。同时，磁盘整盘故障是逐渐累积发生的，在整盘故障发生前一般会发生潜在扇区故障 [2]。故而，在针对扇区故障进行数据保护时，还需要对整盘故障扫描检测带来的影响进行考量。

在本节下面的内容中，将讨论扫描检测及主动故障预测引导的扫描检测对数据可靠性带来的好处。此外，由于在磁盘的整个生命周期中磁盘故障率是不同的，故而笔者认为固定频率的扫描检测是次优的。最后，讨论扫描检测开销与数据保护预算间存在的矛盾。

4.1.1 主动故障预测带来的好处

当涉及潜在扇区故障时，人们关心的指标不再是传统的平均故障时间（Mean Time To Failure，MTTF）[102] 或平均数据丢失时间（Mean Time To Data Loss，MTTDL）[92]，而是平均发现时间（MTTD）[36, 103]。这是因为，MTTF 测量的是磁盘在完全不可用之前的使用寿命，并没有对潜在扇区故障对磁盘使用寿命的影响进行度量。此外，MTTDL 是一种系统级度量指标，适用于对存储系统的可靠性的度量，不适用于单块磁盘中的故障可靠性的度量 [97]。MTTD 则表示从发生扇区故障到发现扇区故障间的时间间隔，表示磁盘暴露在扇区故障威胁下的时间窗口，该值越小，代表数据可靠性越高 [36, 103]。

图 4-1 展示了三种不同情形下的平均发现时间，包括无扫描检测情形、有扫描检测情形和有扇区故障预测情形。如图 4-1（a）所示，在不进行扫描检测的情况下，扇区故障将会被读操作发现，这个平均发现时间表示扇区发生故障后被读/写操作发现的时间间隔。如果是读操作，磁盘会利用盘内冗余数据对数据进行修复；如果是写操作，磁盘会将数据写到其他正常的扇区中，都会对数据可用性造成影响。同时，在扇区故障未被发现的这段时间，磁盘暴露在数据不可靠的情形下，可能发生更严重的数据丢失。如前所述，如果系统处在降级模式下（例如，在 RAID 5 重建期间 [36, 96]），遇到的扇区故障会导致受影响扇区中的数据丢失。

扫描检测操作旨在尽快地发现潜在扇区故障，以减少磁盘暴露在不可靠情形下的时间，以提升数据可靠性和可用性。图 4-1（b）显示了在进行扫描检测操作情形下的平均发现时间，这时的平均发现时间表示从扇区发生故障到被扫描检测操作发现的时间。如图 4-1（b）所示，扫描检测能够先于读/写操作发现故障扇区，相较于后者，进行扫描检测情形下的平均发现时间更短。此外，图 4-1（c）显示了利用扇区故障预测对扫描检测操作进行指导后的平均发现时间，这时的平均发现时间表示从扇区发生故障到被受扇区故障预测指导的扫描检测操作发现的时间。通过对扇区故障进行预测，如果预测结果表明磁盘中存在扇区故障，则增加该磁盘的扫描检测频率。由于扫描检测频率增大了，单次扫描检测操作的时间更短，故而故障扇区能够更快被发现。其本质是，在这种情况下，对发生扇区故障的磁盘进行更有针对性的扫描检测，能够进一步缩短平均发现时间。综上所述，相较于被读/写操作发现，扫描检测操作和主动故障预测均能缩短平均发现时间，即提升数据可靠性。

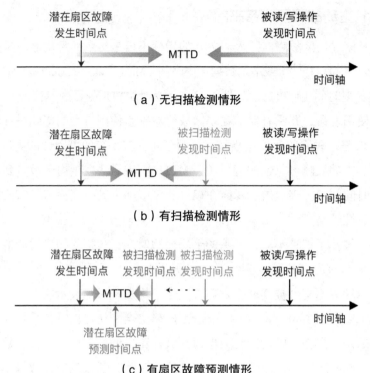

（a）无扫描检测情形

（b）有扫描检测情形

（c）有扇区故障预测情形

图 4-1　扫描检测和扇区故障预测与无扫描检测对平均发现时间的影响对比

4.1.2　固定频率的扫描检测是次优的

NetApp 研究[96]表明，在数据中心大规模磁盘中，发生潜在扇区故障的磁盘占比随着时间几乎呈线性增长。Schroeder 等人[102]分析了在生产环境中的 70 000 块磁盘在 5 年内的数据，发现磁盘的故障率会随着磁盘使用时长的增加而增加，同时他们还发现扇区故障也会随着磁盘的使用年限而发生变化。然而，大多数存储系统没有考虑到变化的潜在扇区故障率，而是使用恒定频率对磁盘进行扫描检测。其结果是，在磁盘使用的整个生命周期中，以恒定频率进行的扫描检测操作与随时间变化的扇区故障间存在不匹配，进而使得扫描检测对扇区故障的检测变得要么不高效要么不充分。这一特性促使本章研究根据磁盘扇区故障发生概率来对扫描检测进行动态调整。具体来说，利用扇区故障预测器预测潜在扇区故障的发生，然后根据预测结果调整扫描检测操作的频率；同时也对整盘故障带来的可靠性影响进行考量。

除了扇区故障率随时间变化外，整盘故障率也随时间波动。Pinheiro 等人[2]采集了 100 000 块磁盘在 9 个月内的 SMART 数据，分析得出磁盘的故障与环境和使用情况是相关的，且扇区故障和整盘故障间存在强相关。不断变化的整盘故障率表示与其相关联的扇区故障率是不断变化的，故而随时间变化的整盘故障率使得恒定频率的扫描检测是次优的。图 4-2 显示了磁盘整个生命周期的故障模式，即"浴盆曲线"[102]。根据这种故障模式，磁盘使用的第一年是磁盘的婴儿死亡期；在第 2～5 年中，磁盘故障率大致处于稳定状态；在第 5 年之后，磁盘磨损开始出现。由于扇区故障率与整盘故障率强相关，在磁盘婴儿死亡期和磨损期，扇区故障率较高，因此，以固定频率进行扫描检测是不够的；而在正常使用期，扇区故障率较低，同一扫描检测频率却是过度且耗费资源的。故而需要在扫描检测方案中考虑整盘故障的变化特性，以便更高效地利用扫描检测来维持数据的可靠性。

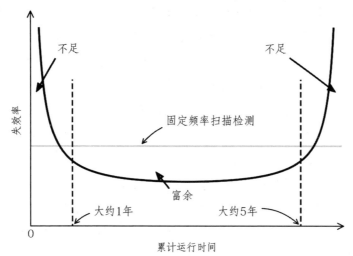

图 4-2　固定频率的扫描检测与"浴盆曲线"故障模式

4.1.3　扫描检测是有开销的

Baker 等人[92]等人利用可靠性模型分析发现，尽早地发现潜在错误是至关重要的，因为可以使数据更可靠。虽然磁盘扫描检测提高了存储系统的可靠性，但扫描检测是有开销的，该开销涉及多个方面，例如能耗增加和性能下降。显然，一方面，扫描检测频率越高，存储系统就越可靠。另一方面，更高的扫描检测频率将带来更高的扫描检测开销。为了提升数据可靠性，通常希望增大扫描检测频率，然而数据保护的预算总是有限的[92]。

鉴于此，在提升可靠性和降低维持可靠性开销间存在权衡，需要找到合适的扫描频率来获取高的可靠性和低的可靠性维护开销。刘等人[104, 105]试图通过在数据丢失成本、扫描检测开销和磁盘故障率之间进行权衡，来获取对所有磁盘均最佳的扫描检测频率。结果表明，扫描检测频率与数据丢失成本和磁盘故障率成正比，与扫描检测开销成反比。然而，由于不同磁盘的使用状态不一致，不同磁盘的健康状态也不一致，所以并不存在对全部磁盘均最佳的扫描检测频率。因此有必要针对磁盘不同健康状态来研究更具成本效益的方法来维持高的数据可用性和可靠性。

4.2 磁盘扫描检测简介

为了应对扇区故障，磁盘中一部分扇区被设置为保留扇区。保留扇区不能直接被用户访问，只有发生了扇区故障，保留扇区才会被磁盘映射成故障扇区的逻辑块号（Logical Block Number，LBN）。这一操作对磁盘用户是透明的，继续访问原先扇区的请求会被定位到对应的保留扇区。保留扇区的设置，保证了发生扇区故障后磁盘能够继续被使用。即便这样，扇区故障带来的可靠性影响并没有被消除。发生扇区故障时，若故障扇区不能及时被发现及被修复，故障扇区中的数据仍存在数据不可用和数据丢失的风险[105]。

为加速故障扇区的发现，扫描检测技术被提出。扫描检测技术是指在磁盘空闲间隙，对磁盘整盘数据进行读取并验证。这能够在后续读/写操作到来之前检测到潜在扇区故障，从而更早地利用磁盘冗余数据对故障扇区中的数据进行修复。常用的扫描检测技术有如下五种：①顺序扫描检测[106]；②局部扫描检测；③加速扫描检测；④分段扫描检测[97]；⑤加速分段扫描检测[103]。下面分别对这五种扫描检测方法进行介绍。

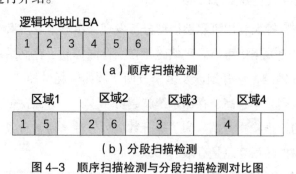

图 4-3　顺序扫描检测与分段扫描检测对比图

（1）顺序扫描检测：如图 4-3（a）所示，按磁盘逻辑扇区地址对磁盘数据进行顺序读取检测。为了减小对前台应用的影响，扫描检测操作在后台以较低的速率顺序执行，譬如，对于一块容量为 c 的磁盘，在时间间隔 s 内完成扫描检测操作，则扫描检测的执行频率为 c/s。通常情况下，扫描检测时间间隔被设置为 2 周。

（2）局部扫描检测：通过分析真实的潜在扇区故障数据，发现潜在扇区故障存在时间局部性和空间局部性。即一旦局部扫描检测发现了一个扇区故障，则在此故障扇区的邻近区域可能存在其他扇区故障。局部扫描检测正是利用这一特性，一旦一个扇区故障被发现，与它临近的 n 个扇区将会被加速扫描检测 [96]。

（3）加速扫描检测：加速扫描检测是对局部扫描检测进行极端化处理后的一种扫描检测策略。一旦在加速扫描检测时，发现了一个扇区故障，则会对整块磁盘的剩余扇区进行加速扫描。

（4）分段扫描检测：如图 4-3（b）所示，根据潜在扇区故障发现的聚集性，分段扫描检测将磁盘扇区分为多个区域，每个区域划分为 r 个大小相同的段。不同于顺序扫描检测，分段扫描检测跳跃式地对不同区域的同一次序的扇区段进行快速试探式的扫描检测。一旦分段扫描检测发现了一个扇区故障，则立即对此故障扇区所在的区域进行扫描检测。

（5）加速分段扫描检测：加速分段扫描检测对加速扫描检测和分段扫描检测进行了结合。具体来说，加速分段扫描检测将磁盘扇区分为多个区域，并进行分段跳跃式的扫描检测，一旦发现了一个扇区故障，则立即对此故障扇区所在的区域加速进行扫描检测。

虽然扫描检测最重要的是尽快地发现潜在扇区故障，但周期性扫描检测的开销可能很高，并可能导致磁盘性能下降 [98]。已有的关于减少扫描检测开销的工作主要分为两类：一类是研究在空闲时间进行扫描检测操作；另一类是研究在工作负载操作上进行顺带式的扫描检测操作。在第一类工作中，通过将扫描检测操作视为低优先级的后台活动，并在空闲时间有效地调度它们，Mi 等人 [107] 和 Amvrosiadis 等人 [101] 都证明，在用户的性能保持在预定的不受影响的范围内时，扫描检测操作可以提高数据可靠性。

在第二类工作中，为了在大型存档存储系统中使用扫描检测，Schwartz 等人 [106] 提出了机会主义扫描检测策略。在存档存储系统中，磁盘可能会长时间断电，因此需要保持磁盘不断电，并尽量减少通电次数。同时，要处理潜在扇区故障，必须足够早地检测到它们，以便能够使用存储系统中内置的冗余对数据进行恢复。因此，在他们采用的机会主义扫描检测策略中，扫描检测操作是以正常的读取访问为基础的，而不会仅仅为了检查磁盘而将其通电，即在磁盘通电进行另一个用户操作时进行扫描检测。

综上所述，扫描检测技术的优点是能够缩短扇区故障从发生到被发现的时间间隔，从而减小数据暴露在不可靠性情形下的时间间隔，提升数据可靠性。缺点是扫描检测操作会带来额外的磁盘读操作，会产生额外的维护开销。虽然已有研究对维护开销进行优化，但这类研究是以牺牲部分数据可靠性为代价的。本章利用机器学习方法对扇区故障进行预测，并基于扇区故障预测结果对扫描检测频率进行指导和优化，从而以低的扫描检测开销获取高的数据可靠性。

4.3 FAS 设计方案

为了更高效地发现潜在扇区故障，本节提出一种基于磁盘扇区故障预测来动态调整检测频率的方法 FAS。FAS 力求使用更低的扫描检测开销来获取更高的数据可靠性。FAS 利用机器学习的方法对磁盘扇区故障进行预测；同时也对数据扫描检测的周期性特性进行考量，对当前扫描检测周期中的预测结果进行集成投票得出最终的磁盘级预测结果；另外 FAS 综合考虑了扇区故障和整盘故障对数据扫描检测的影响。

FAS 最核心的思想是根据磁盘的健康状态对扫描检测频率进行动态调整。这个思想主要的出发点是，在实际磁盘存储系统中，大部分磁盘在大部分时间段中并没有发生扇区故障，因此采取对预测出有扇区故障的磁盘进行提升频率的扫描检测，对预测出没有扇区故障的磁盘进行降低频率的扫描检测，从而进行更有针对性的扫描检测操作，最终实现用低的扫描检测开销来获取高的数据可靠性。

图 4-4 显示了自适应扫描检测系统概要图，其中包含 4 个主要功能模块：①SMART 监控器收集并汇总 SMART 属性值；②中心化的潜在扇区故障预测器利用 SMART 属性值，通过机器学习构建扇区故障预测模型，并对扇区故障进行预测；③扫描检测频率控制器接收预测结果，并据此自适应地调节扫描检测频率；④扫描检测调度器依据得到的扫描检测频率进行扫描检测操作调度。

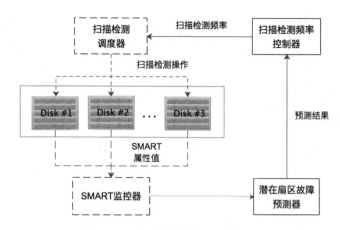

图 4-4　自适应扫描检测系统概要图

4.3.1 潜在扇区故障预测器

大多数磁盘内部目前都配备了 SMART，SMART 监控并报告磁盘可靠性的各种指标 [36]。根据 SMART 收集到的 SMART 属性数据，基于机器学习构建的扇区故障预测器试图预测磁盘在给定的时间间隔内是否会发生潜在扇区故障。本节将预测潜在扇区故障的问题表述为一个二分类问题，然后使用当前最常用的几种故障预测方法来训练分类器。在实际使用的扫描检测操作中，通常的做法是每 2 周对整个磁盘进行一次扫描检测操作 [36, 97]。故而，本节试图预测未来 14 天内磁盘是否发生潜在扇区故障。

与整盘故障预测相比，虽然同为利用 SMART 数据基于机器学习来构建故障预测模型，但预测的故障类型不一样。在整盘故障预测中，预测的是即将发生的整盘故障；在潜在扇区故障预测中，预测的是未被磁盘检测到的扇区故障。这导致整盘故障预测可以定位到故障磁盘，而扇区故障预测定位不到故障扇区位置。这是因为磁盘 SMART 参数中未设置对单个扇区进行监控的指标，即无法从 SMART 中获取扇区位置信息。故而，即使是对扇区故障进行预测，预测力度也只能达到磁盘的级别，而无法获取故障扇区的位置。然而，这并不影响潜在扇区故障预测的必要性及重要性。如果预测出某磁盘已经发生了扇区故障，即使无法指出具体发生故障的扇区位置，该信息仍可以用于指导更有针对性且更及时的扫描检测操作，从而加快该磁盘中扇区故障的检测及修复过程。

值得注意的是，预测器的预测频次与扫描检测的操作频次是不一致的，潜在扇区故障预测器按天进行预测，但每个扫描检测周期只进行一次扫描检测操作。考虑到扫描检测的周期性特性，FAS 采用基于投票的算法将当前扫描检测周期内的预测结果进行综合。如算法 3 所示，在对一个磁盘进行预测时，检查当前扫描检测间隔 w 中的所有 n 个样本的预测结果，如果超过 $n/2$ 个样本被预测为故障则输出故障，否则输出健康。FAS 中使用的投票方法与南开大学提出的基于投票的算法 [32] 类似，不同点是，后者方法中的投票窗口是固定的，而 FAS 中的窗口是由磁盘当前的扫描检测间隔决定的。也就是说，如果当前的扫描检测间隔为 w，则当前的投票窗口也被设置为 w。

算法 3 基于投票策略的潜在扇区故障预测算法

输入：磁盘样本集合 S[1...t]，预测器 Predictor（ ），扫描检测窗口大小 w，加速因子 X（>1），减速因子 Y（$\leqslant 1$）；

输出：磁盘级预测结果；

1: initialize $voter[i] \leftarrow 0$ for $i=1$ to w

2: $count \leftarrow 0$ ▷对已处理样本进行计数

3: **for** $j \leftarrow 1$，t **do**

4:     $count \leftarrow count+1$

5:     $voter[count] \leftarrow Predictor（S[j]）$

6:     **if** $count==w$ **then**   ▷当前扫描检测结束

7:         **if** $\sum w（voter[i]）> w/2$**then**   ▷预测为故障时，提升磁盘扫描检测频率

8:         $w=w/X$

9:     **else**   ▷预测为健康时，降低磁盘扫描检测频率

10:         $w=w/Y$

11:     **end if**

12:     update $voter[i] \leftarrow 0$ for $i=1$to w

13:     $count \leftarrow 0$

14:   **end if**

15: **end for**

4.3.2 扫描频率控制器

对存储系统进行扫描检测需要平衡扫描检测的开销和扫描检测所带来的收益。在本节中，扫描检测带来的收益是数据可靠性，开销是进行扫描检测的能耗，其中能耗与扫描检测的时间成正比。由于扫描检测操作是低优先级任务，对性能的影响可以忽略不计 [108]，因此本节忽略了性能降低所产生的开销。

在 4.1 节中，笔者分析了基于扇区故障预测的动态调整频率的扫描检测方法带来的积极影响。同时，在实际磁盘存储系统中，除了潜在扇区故障之外，不同的

整盘故障率也使得固定频率的扫描检测无法成为最优方案。根据"浴盆曲线"的磁盘生命周期失效模式，在磁盘婴儿死亡期和磨损期，以固定频率进行扫描检测是不够的；而在正常使用期，以固定频率进行扫描检测是过度供给的。因此，在扫描检测频率的控制中，FAS 也对整盘故障模式进行了考量，以更高效地保护数据免受潜在扇区故障的影响。如算法 4 所示，FAS 将扇区故障预测指导的扫描检测和对整盘故障模式感知的扫描检测结合在一起。在早期故障期和后期磨损期，FAS 使用了较高的扫描检测频率 r_1；在正常使用期，FAS 切换到较低的扫描检测频率 r_2（$r_2 \leq r_1$）。此外，如果预测到有潜在扇区故障，FAS 则将频率加速 X（$X > 1$）倍，否则 FAS 将频率减速 Y（$Y \leq 1$）倍。

算法 4　扫描检测频率控制算法

输入：磁盘正常使用期扫描检测频率 r_1，磁盘婴儿死亡期和磨损期扫描检测频率 r_2，加速因子 X（>1），减速因子 Y（≤ 1），磁盘上电时间集合 $POH[1...N]$，磁盘健康状态集合 $Health[1...N]$；

输出：磁盘扫描检测频率集合 $r[1...N]$；

```
1:  for i ← 1, N do
2:      if POH[i] < 1y or POH[i] ≥ 5y then              ▷磁盘处于婴儿死亡或磨损期
3:          if Health[i]==erroneous then
4:              r[i] ← X × r₂                            ▷提升扫描检测频率
5:          else
6:              r[i] ← Y × r₂                            ▷降低扫描检测频率
7:          end if
8:      else                                            ▷磁盘处于正常使用期
9:          if Health[i]==erroneous then
10:             r[i] ← X × r₁                            ▷提升扫描检测频率
11:         else
12:             r[i] ← Y × r₁                            ▷降低扫描检测频率
13:         end if
14:     end if
15: end for
```

4.4 FAS 理论分析

在本节，定量分析扫描检测频率对可靠性和扫描检测开销的影响。此外，还分析了引入潜在扇区故障预测后动态调整的扫描检测对数据可靠性和扫描检测开销的影响。本书余下部分使用的符号见表 4.2。

表 4.2　符号与定义

符号	定义
w	扫描检测间隔（天）
r	扫描检测频率（1/天）
X	加速系数
Y	减速系数
PN	预测为健康磁盘的数量
PP	预测为故障磁盘的数量
TN	正确预测为健康磁盘的数量
TP	正确预测为故障磁盘的数量
FN	错误预测为健康磁盘的数量
FP	错误预测为故障磁盘的数量
P	故障磁盘数量
N	健康磁盘数量
FNR	漏报率
FPR	误报率
$MTTD_{fixed}$	固定频率扫描检测方法下的 MTTD
$MTTD_{adaptive}$	自适应方法 1 下的 MTTD
$MTTD_{adaptive+}$	自适应方法 2 下的 MTTD
M_{factor}	自适应方法 1 下的 MTTD 提升系数
$M_{factor+}$	自适应方法 2 下的 MTTD 提升系数
$Cost_{fixed}$	固定频率扫描检测方法下的扫描检测开销
$Cost_{adaptive}$	自适应方法 1 下的扫描检测开销
$Cost_{adaptive+}$	自适应方法 2 下的扫描检测开销
C_{factor}	自适应方法 1 下的扫描检测开销增加系数
$C_{factor+}$	自适应方法 2 下的扫描检测开销增加系数

为了简化分析，参照已有研究工作，本节做了如下假设。

· 磁盘扇区故障服从均匀分布，且均匀分布的平均值等于扫描检测周期的平均值[108]。

· 忽略正常读取操作对 MTTD 的影响。由于磁盘中 87% 的潜在扇区故障是通过磁盘扫描检测被发现的[96]，因此在本节的讨论中正常的读取操作对 MTTD 的影响可以忽略不计。

4.4.1 可靠性分析

在固定频率定期扫描检测中，扫描检测操作在后台慢速持续运行，以尽量减少对前台操作的影响。例如，给定一个扫描检测周期 w，固定频率的扫描检测则以 $r=1/w$ 的固定频率对磁盘进行扫描检测。因此，平均故障运行时间为 $w/2=1/2r$，即固定频率的扫描检测方法下的 $MTTD$ 的计算如下：

$$MTTD_{fixed} = \frac{1}{2r} \tag{4-1}$$

公式（4-1）意味着，扫描检测频率越高，$MTTD$ 值越小，即数据可靠性越高。

在基于磁盘故障预测的自适应的扫描检测中，当某磁盘被预测为会发生潜在扇区故障时，会对该磁盘进行加快频率的扫描检测；否则，会对该磁盘进行降低频率的扫描检测。具体来说，对于前者，扫描检测频率增加系数为 $X(>1)$，加速后的扫描检测频率为 $X \times r$；对于后者，扫描检测频率降低系数为 $Y(\leq 1)$，减速后的扫描检测频率为 $Y \times r$。用 TP 来表示真阳性（扇区故障被正确预测为扇区故障，即被预测出的扇区故障）的数量，用 FN 来表示假阴性（扇区故障被错误预测为扇区健康，即未被预测出的扇区故障）的数量。因此，一个真阳性磁盘中扇区故障的检测时间为 $\frac{1}{X \times 2r}$，全部真阳性磁盘中扇区故障的检测时间为 $\frac{1}{X \times 2r} \times TP$。同样地，一个假阳性磁盘中扇区故障的检测时间为 $\frac{1}{Y \times 2r}$，全部假阳性磁盘中扇区故障的检测时间为 $\frac{1}{Y \times 2r} \times FN$。故而，依据扇区故障预测结果自适应动态调整扫描检测频率方案（称为自适应方案 1）中的 $MTTD$ 计算如下：

$$
\begin{aligned}
MTTD_{adaptive} &= \frac{\frac{1}{X \times 2r} \times TP + \frac{1}{Y \times 2r} \times FN}{P} \\
&= \frac{1}{X \times 2r} \times (1 - FNP) + \frac{1}{Y \times 2r} \times FNR
\end{aligned} \tag{4-2}
$$

其中 $P=TP+FN$，$FNR=FN/P$。注意，$MTTD$ 只与 FNR 有关，因为只有发生扇区故障的磁盘才会影响可靠性，健康磁盘对可靠性没有影响。

与固定频率的扫描检测方法相比，自适应方案 1 中的 $MTTD$ 提升系数计算如下：

$$M_{factor} = \frac{MTTD_{fixed}}{MTTD_{adaptive}}$$

$$= \frac{1}{\frac{1}{X} \times (1 - FNR) + \frac{1}{Y} \times FNR} \quad （4-3）$$

自适应方案 2 在自适应方案 1 的基础上增加了整盘故障的考量。自适应方案 2 下的 MTTD 计算如下：

$$MTTP_{adaptive} = \sum_{1y \leq POH_i < 5y, i \in S} \left(\frac{TP_i}{X \times r_2} + \frac{FN_i}{Y \times r_2} \right) / P$$

$$+ \sum_{POHi < 1y \text{ or } POHi \geq 5y, i \in S} \left(\frac{TP_i}{X \times r_1} + \frac{FN_i}{Y \times r_2} \right) / P \quad （4-4）$$

其中 POH_i 表示磁盘 i 的总通电总时长，S 表示预测为故障的磁盘集合，P 表示预测为故障的磁盘数量，TP_i 和 FN_i 分别表示预测结果为真阳的磁盘数量和假阴的磁盘数量。此外，$1y$ 和 $5y$ 分别表示通电总时长为 1 年和 5 年。

与固定频率的扫描检测方法相比，自适应方案 2 下的 $MTTD$ 提升系数计算如下：

$$M_{factor+} = \frac{MTTD_{fixed}}{MTTD_{adaptive+}}$$

$$= \frac{P / 2r}{\sum_{1y \leq POH_i < 5y, i \in S} \left(\frac{TP_i}{X \times r_2} + \frac{FN_i}{Y \times r_2} \right) + \sum_{POH_i < 1y \text{ or } POH_i \geq 5y, i \in S} \left(\frac{TP_i}{X \times r_2} + \frac{FN_i}{Y \times r_2} \right)}$$

$$（4-5）$$

4.4.2 扫描检测开销分析

在传统的固定频率的扫描检测方法中，扫描检测开销与磁盘总数和扫描检测频率成正比，因为较高的扫描检测频率意味着更多的扫描检测开销。在扫描检测频率为 r、总磁盘数为 $P+N$ 的情形下，在时间跨度 T 内，固定频率的扫描检测方法（无潜在扇区故障预测的情形）的扫描检测开销计算如下：

$$Cost_{fixed} = T \times r \times （P+N） \quad （4-6）$$

在自适应方案 1 中，对预测为故障的磁盘（其数量用 PP 表示）进行提升频率的扫描检测，对预测为健康的磁盘（其数量用 PN 表示）进行降低频率的扫描检测。在时间跨度 T 内，自适应方案 1 的扫描检测开销的计算如式（4-7）所示：

$$Cost_{adaptive}=T\times\left(X\times r\times PP+Y\times r\times PN\right)\qquad(4\text{-}7)$$

其中 $PP=TP+FP$，$PN=FN+TN$

与固定频率的扫描检测方法相比，自适应方案 1 下的扫描检测开销增加系数计算如下：

$$
\begin{aligned}
C_{factor}&=\frac{Cost_{adaptive}-Cost_{fixed}}{Cost_{fixed}}\\
&=\frac{X\times\left(PP\right)+Y\times\left(PN\right)-\left(P+N\right)}{P+N}\\
&=\frac{\left(X-1\right)\times\left(PP\right)+\left(Y-1\right)\times\left(PN\right)}{P+N}
\end{aligned}
\qquad(4\text{-}8)
$$

其中 PP+PN=P+N

自适应方案 2 下的扫描检测开销计算如下：

$$
\begin{aligned}
Cost_{adaptive+}=&\sum_{1y\leq POH_I\leq 5y,i\in S}\left(PP_i\times X+PN_i\times Y\right)\times T\times r_2\\
&+\sum_{POH_i<1y\ or\ POH_i\geq 5y,i\in S}\left(PP_i\times X+PN_i\times Y\right)\times T\times r_2
\end{aligned}
\qquad(4\text{-}9)
$$

其中 PP_i 和 PN_i 分别表示预测结果为阳性的磁盘数量和预测结果为阴性的磁盘数量。

与固定频率的扫描检测方法相比，自适应方案 2 下的扫描检测开销增加系数计算如下：

$$
\begin{aligned}
C_{factor}&=\frac{Cost_{adaptive}-Cost_{fixed}}{Cost_{fixed}}\\
&=\frac{\sum_{1y\leq POH_I\leq 5y,i\in S}\left(PP_i\times X+PN_i\times Y\right)\times T\times r_2}{r\times\left(P+N\right)}\\
&+\frac{\sum_{POH_i<1y\ or\ POH_i\geq 5y,i\in S}\left(PP_i\times X+PN_i\times Y\right)\times T\times r_1}{r\times\left(P+N\right)}-1
\end{aligned}
\qquad(4\text{-}10)
$$

4.5 实验评估

4.5.1 数据集

为了评估FAS方案,本章使用Backblaze的真实数据集[①]。该数据集包含从2017年1月到2017年12月为期12个月的SMART数据。从这个数据集中,选择了三种不同型号的磁盘,包括ST4000DM000、ST8000DM002和ST8000NM0055。这三种型号的磁盘是该数据集中受潜在扇区故障影响最为严重的,也就是说,这些型号的磁盘在这12个月内受潜在扇区故障影响的磁盘数量最多。在本节,潜在扇区故障的定义沿用加拿大多伦多大学给出的定义[36]:如果磁盘的SMART 5号属性的原始值(表示重新分配的扇区总数)增加,则认为该磁盘存在扇区故障。

如表4.3所示,故障磁盘表示2017年至少有一个扇区故障的磁盘。对于故障磁盘,在距离实际扇区故障2周内的样本会被标记为故障,否则标记为健康。对于无故障磁盘,将全部样本标记为健康。需要指出的是,2周的间隔是存储系统中常用的扫描检测周期。

表 4.3　数据集

磁盘型号	类别	磁盘量	样本数
ST4000DM000	健康	34 830	11 739 000
	故障	328	8 693
ST8000DM002	健康	9 745	3 378 084
	故障	223	6 527
ST8000NM0055	健康	14 299	2 455 296
	故障	175	4 583

4.5.2 数据预处理

本节数据预处理包括:①降采用;②特征选择;③特征归一化。首先,为了解决数据不均衡问题,对占多数的健康样本进行降采样方法[69]。在正常样本与故障样本比例在1:1到50:1之间的整数比率的数据集上构建随机森林模型并对预测

---

① https://www.backblaze.com/b2/hard-drive-test-data.html.

准确率进行测试，发现比例为 3∶1 时获得最佳的预测准确率。因此在最终的训练集中，正常样本与故障样本的比例被设置为 3∶1。其次，使用特征选择来消除冗余和无关的特征，并选择相关的特征。利用第 2 章的特征选择方法，选择的 SMART 属性见表 4.4。最后，使用 Z-score 归一化方法来进行特征归一化。

4.5.3 实验设置

为了评估预测模型，将数据集随机分为训练集和测试集。训练集包括 70% 的故障磁盘和健康磁盘，其余 30% 的磁盘在测试集中。

为了建立潜在扇区故障预测器，本节评估了六种常用于磁盘故障预测的机器学习方法，包括逻辑回归（LR）、随机森林（RF）、支持向量机（SVM）、分类与回归树（CART）、反向传播神经网络（BP）和梯度增强决策树（GBDT）。对于 LR，实验了 L2 正则化和 0.01 的学习率。对于 RF，对不同数量的树进行了试验，并确定使用 200 棵树作为本书的结果。对于 SVM，使用 LIBSVM 库[65]，并使用线性内核进行实验。对于 CART，设置最小叶子节点样本数为 10，最小分割为 10，使用 gini 系数来作为决策指标。对于 BP，使用三层 BP，其中隐藏层中有 64 个节点。隐藏层和输出层都使用 ReLU 函数[66]作为激活函数。将最大迭代次数设置为 2 000，学习率设置为 0.01，并采用 Adam[67]进行优化。对于 GBDT，使用 100 棵树，并设置学习率为 0.1。

表 4.4　筛选的 SMART 属性列表

属性号	属性名	属性类型
1	Real_Read_Error_Rate	规范化值
3	Spin_Up_Time	规范化值
4	Start_Stop_Count	原始值
5	Reallocated_Sector_Count	原始值
7	Seek_Error_Rate	规范化值
9	Power_On_Hours	规范化值
10	Spin_Retry_Count	规范化值
12	Power_Cycle_Count	原始值
187	Reported_Uncorrect	规范化值
194	Temperature_Celsius	规范化值
197	Current_Pending_Sector	原始值
198	Offline_Uncorrectable	原始值

4.5.4 实验结果与分析

4.5.4.1 预测结果

图 4-5 展示了不同扇区故障预测方法在三个不同的数据集上的预测结果。图中的每条曲线对应一种扇区故障预测方法,x 轴为误报率,y 轴为漏报率。由于预测结果曲线在误报率高于 0.2 后趋于稳定,为了方便观察及比较,将误报率限制在 [0, 0.2] 的范围内。

如图 4-5 所示,每种方法都能获取到足够高的预测准确度,即同时达到低的误报和低的漏报率。譬如,当将误报率限制在 10% 时,在三个数据集 ST4000DM000、ST8000DM002 和 ST8000NM0055 上得到的漏报率分别为 4%、6% 和 15%。也就是说,在将 10% 的正常磁盘预测成故障磁盘的情况下,扇区故障预测器对三个数据集中的故障盘的扇区故障的检测率分别达到了 96%、94% 和 85%。当对不同的机器学习的预测效果进行比较的时候,随机森林在三个数据集上的表现都是最好的。根据加拿大多伦多大学给出的解释,随机森林的预测效果要好于其余五种分类器方法的原因是:随机森林的参数很少,故而很容易训练;而对于其他五种分类器方法,需要进行大量的参数调优,难以得到泛化能力强的预测模型[36]。

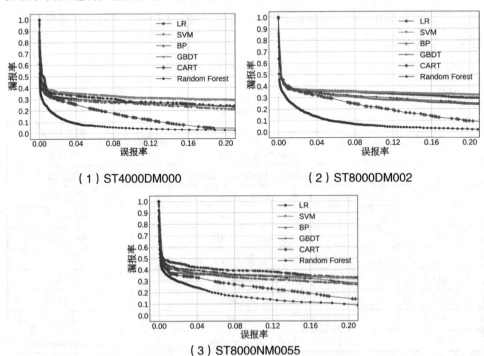

（1）ST4000DM000　　　　　　（2）ST8000DM002

（3）ST8000NM0055

图 4-5　在三个数据集上的预测结果图

扇区故障预测准确率高是后续进行更高效扇区扫描检测的保证，因为低的误报率表示更少的正常磁盘被预测成故障磁盘，即减少了对正常磁盘进行不必要的扫描检测而产生的开销；低的漏报率表示更少的故障盘被错误地预测成正常盘，即避免了故障盘中故障扇区延迟被发现的可能性，能够提升数据可靠性。故而本节在后续的实验中，均采用预测效果最佳的随机森林进行实验。

4.5.4.2　预测鲁棒性

非均衡的训练数据集会导致预测结果不理想，因此使用不同降采样率来对健康样本进行缩减，从而获得均衡的数据集。利用得到的数据集训练随机森林模型并对不同模型的 ROC 曲线下面积进行比较，结果如图 4-6 所示。从图中可以观察到，数据集重均衡能够提升模型的预测能力，同时最优的预测准确率在正负样本比值为 3∶1 时取得。

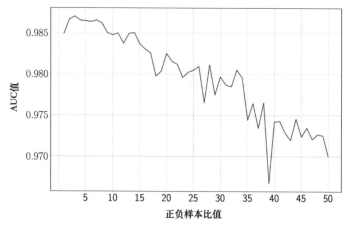

图 4-6　不同正负样本比值下的预测模型 AUC 值对比

在实际应用中，预测模型有可能用于中小型数据中心[32, 36]。在中小型数据中心中，磁盘的数据量没有大规模数据中心那么多，发生故障的扇区数目相较于大规模数据中心更少。训练数据量的缩减有可能会使扇区故障预测效果不佳。为了验证这一情形是否真实存在，对扇区故障预测在中小型数据中心的使用场景进行了模拟。具体来说，对 ST4000DM000 数据集中的数据进行不同降采样的采样，来获取不同数量的训练集，以此来模拟不同规模的数据中心的情形。图 4-7 为在采样率为 10%、25%、50% 和 75% 的不同训练数据上随机森林的预测效果。由图可知，数据集规模越小，模型预测效果越差；同时，数据集减小对模型预测性能的影响并不十分严重。该实验结果表明，在中小型数据中心中使用扇区故障预测，其预测效果会受到训练数据量缩减的影响，但其影响有限。

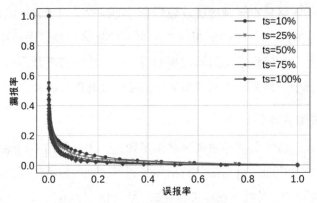

图 4-7　不同样本量下预测鲁棒性对比

4.5.4.3 投票策略的有效性

在本章提出的投票策略中，当超过当前滑动窗口一半的样本被预测为故障时，对应的磁盘才被预测为故障。非投票策略表示当前滑动窗口中任意一个样本被预测为故障时，对应的磁盘即被预测为故障。为了验证投票策略的有效性，笔者对比了基于投票策略的随机森林模型和基于非投票策略的随机森林模型的预测效果，结果见表 4.5。由表可观察到，相较于非投票策略，投票策略能够在牺牲部分召回的情况下获取更低的误报率，证明了投票策略在提升预测效果上的有效性。投票策略的本质就是将判定为故障盘的标准变得更加苛刻，所以可以过滤掉部分误报的情形。

表 4.5　投票策略对比非投票策略

磁盘型号	指标	投票策略	非投票策略
ST4000DM000	故障检测率	90.1%	91.5%
	误报率	3.6%	9.5%
ST8000DM002	故障检测率	86.2%	86.9%
	误报率	3.8%	9.5%
ST8000NM0055	故障检测率	74.4%	76.2%
	误报率	3.3%	9.1%

4.5.5 模拟自适应扫描检测

在扇区故障预测结果的基础上，本节建立了自适应扫描检测模拟器，以对 FAS

的有效性进行评价。如上文所述，由于随机森林的预测效果最佳，仍使用随机森林作为故障预测器。模拟器的设置如下：在自适应方案 1（adaptive 方案）中，将磁盘的整个生命周期内的基准扫描检测频率设置为 r_1。在自适应方案 2（adaptive+方案）中，将磁盘在正常使用寿命期将基础扫描检测频率设置为 r_1，在婴儿死亡期和磨损期的基准扫描检测频率设置为 r_2。在所有模拟中，将 r_1 设置为每 2 周一次，这是实际使用中最常用的扫描检测频率。考虑到磁盘的生命周期故障模式的"浴盆曲线"特性，设置 $r_2 = 2 \times r_1$，即 r_2 表示每周进行一次整盘的扫描检测。

同时，本节对不同的加速系数 X 和减速系数 Y 进行实验。由于目前生产环境中常用的扫描检测方法为固定频率的扫描检测，所以在本节的模拟中采用了固定频率的扫描检测作为基础的扫描检测方法。值得注意的是，本章提出的两种方案与其他复杂的扫描检测方法也是兼容的，例如交错式扫描检测[97]，这是因为新提出的方案仅通过指示适当的扫描检测频率与扫描检测调度程序进行交互。

4.5.5.1 扫描检测开销

图 4-8 显示了不同加速扫描检测模式下的扫描检测开销的增加系数。图中每一条曲线对应一组不同的加速系数 X 和减速系数 Y，每条线上的每个点对应一组不同的 (FPR, FNR)。对于每条曲线，每组 (FPR, FNR) 代表一种不同的预测结果，不同曲线上横坐标相同的点代表预测结果是相同的。该预测结果决定了在处于加速模式下的时间比例，即图中横坐标的值。值得注意的是，根据潜在扇区故障预测结果，对扫描频率的调整只有两种情形：要么处于加速模式，加快扫描检测频率；要么处于减速模式，降低扫描检测频率。也就是说，加速模式所占时间比例和减速模式所占时间比例之和为 1。

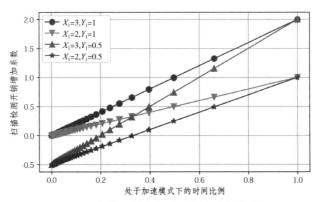

图 4-8　扫描开销与加速时间占比间的关系

从图 4-8 观察可得，扫描检测开销的增加比率与处于加速模式的时间成正比。此外，当 $FNR=1$ 和 $FPR=0$ 时（曲线的左下端），即所有时间都处于减速模式时，扫描检测开销增加比率最小。当 $FNR=0$ 且 $FPR=1$ 时（曲线的右上端），即所有时间都处于加速模式时，扫描检测开销增加比率最大。由此可得，加速系数 X 决定了扫描检测开销的最高增加比率。也就是说，扫描检测频率越高，需要额外增加的扫描检测开销也就越高。虽然降低扫描检测开销是本节的目标之一，但在实际的使用场景中，还需要考虑数据的可靠性，即平均发现时间。接下来，将分析不同加速模式对平均发现时间的影响。

4.5.5.2 平均发现时间 MTTD

平均发现时间表示扇区故障从发生到被发现的时间间距。该间距越短，表示数据暴露在不可靠情形下的时间窗口越短，数据可靠性也就越高。在扫描检测中，平均发现时间受扫描检测频率的影响，扫描检测频率越高，平均发现时间越短。图 4-9 显示了不同加速模式下平均发现时间的提升比率。图中每一条曲线对应一组不同的加速系数 X 和减速系数 Y，这两者和故障预测结果一起决定了磁盘处在加速扫描模式下的时间占比。由图 4-9 可知，当加速系数 X 保持不变时，减速系数 Y 越低，平均发现时间的提升就越小。另外，即使将系统在加速扫描检测模式下的时间比例限制在 5%，即存储系统在减速扫描检测模式下的时间占总时间的 95%，平均发现时间的提升率仍然是可观的。

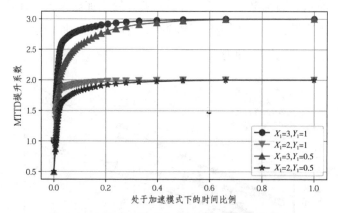

图 4-9　平均发现时间与加速时间占比间的关系

在扇区故障预测中，预测准确率不可能达到百分之百，漏报是不可避免的。

漏报是指发生扇区故障的磁盘没有被正确预测出来，会使得漏报磁盘的扫描检测频率降低，导致潜在扇区故障被延迟发现，从而使得平均发现时间的提升比率降低。但漏报对平均发现时间的影响是有限的，主要有如下两方面的原因：一方面，在基于随机森林的扇区故障预测中，漏报率非常低；另一方面，平均发现时间的提升对漏报率要求比较低。假设现在的要求是在 (X, Y) 被设置为 $(2, 0.5)$ 时对平均发现时间进行提升，形式化表示即为 $MTTD\_factor > 1$。根据公式（4-3）可知，对漏报率 FNR 的要求如下：

$$FNP < \frac{X \times Y - Y}{X - Y} < \frac{2 \times 0.5 - 0.5}{2 - 0.5} < \frac{1}{3} \tag{4-11}$$

即只需将扇区预测的漏报率控制在 1 以下，就可以获得平均发现时间的提升，这个要求对于扇区故障预测来说并不高。在基于随机森林的扇区故障预测中，如第 4.5.4.1 小节的预测结果所示，预测器很容易达到所要求的漏报率水平。实验结果也验证了漏报对平均发现时间影响有限这一点，如图 4-9 所示，引入磁盘扇区故障预测后，平均发现时间整体上是呈现提升趋势的，且少量的加速模式占比就能够对平均发现时间起到提升作用。

4.5.5.3 扫描检测开销对比平均发现时间

为了对比扫描检测频率对扫描检测开销和平均发现时间两者的影响，本小节直接对不同扫描检测开销下的平均发现时间进行对比分析。

图 4-10 显示了自适应方案 1 在不同的加速系数 X 和减速系数 Y 下，平均发现时间的提升系数与扫描检测开销增加比率之间的关系。在该图中，根据固定频率扫描检测方法的特性，固定频率的扫描检测用点图中的（0,1）表示，其中扫描检测开销的增加比率为 0，平均发现时间的提升比率为 1。由图可知，加速系数 X 决定了最高的扫描检测开销提升比率和最高的平均发现时间比率，减速系数 Y 决定了最低的扫描开销提升比率和最低的平均发现时间提升比率。对于减速系数 Y 来说，如果减速系数 Y 小于 1，则表明对磁盘施加降低频率的扫描检测，即减少了扫描检测开销；如果减速系数 Y 设置为 1，则表示维持固有的扫描检测频率。

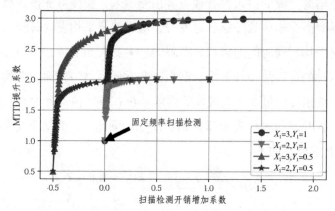

图 4-10　平均发现时间与扫描检测开销之间的关系

图 4-11 展示了四种方案在扫描检测开销和平均发现时间上的对比。当前前沿的扫描检测方法来自加拿大多伦多大学[36]，他们在维持健康磁盘固有扫描频率的同时对故障磁盘施以提升频率的扫描检测。该方案属于本章提出的自适应扫描的特殊情形，即（X,Y）为（2,1）的情形。但由于该方法将 Y 设置为 1，也就失去了对扫描检测开销进行降低的可能性。对于本章提出的自适应方案 1（adaptive）和自适应方案 2（adaptive+），通过设置（X,Y）为（2,0.5）来模拟它们。在自适应方案 1 和自适应方案 2 中，减速系数 Y 被设置为小于 1 的值，则表明平均发现时间可以在降低扫描检测开销的情况下得到保持甚至提升。

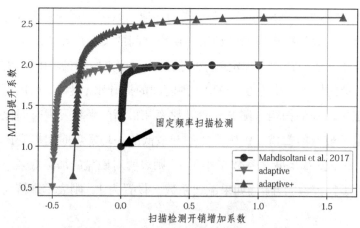

图 4-11　四种扫描检测策略的平均发现时间与扫描检测开销对比

实验结果表明，在扫描检测开销提升比率为零的情况下，自适应方案 1 仍能够对平均发现时间进行提升。具体来说，与固定频率的扫描检测相比，自适应方案 1 在降低 49% 的扫描检测开销的情况下，达到了与前者相同的平均发现时间提升比率。另外，在不增加扫描检测开销的情况下，自适应方案 1 可以将平均发现时间提升比率提高 2.4 倍。此外，与当前最优的方法相比，自适应方案 1 可以在降低 32% 的扫描检测开销的情况下，达到与前者相同的平均发现时间提升比率。这是因为自适应方案 1 更有效地分配了扫描检测资源，即将健康磁盘上不必要的扫描检测资源分配到存在扇区故障风险的磁盘上。对于自适应方案 2 来说，由于进一步提升了故障磁盘的扫描检测频率，故而能够达到取得更高的平均发现时间提升比率。但同时，相比于自适应方案 1，由于扇区故障预测中误报的存在，扫描检测频率的提高也带来了更多的扫描检测开销。

4.6　本章小结

　　本章提出了一种基于磁盘扇区故障预测的自适应的扫描检测方法 FAS，来提高磁盘扫描检测的成本效率。FAS 有如下特点：第一，与设计复杂的扫描检测方案不同，FAS 仅通过适当的扫描检测频率与扫描检测调度器进行交互。第二，与为所有磁盘找到唯一的最佳的扫描检测频率的方案不同，FAS 根据每个磁盘的运行状况调整每个磁盘的扫描检测频率。第三，与在扫描检测开销与数据可靠性之间进行权衡的方案不同，FAS 能够同时获取更低的扫描检测开销和更高的数据可靠性。

　　FAS 的主要工作集中在如下几点：第一，FAS 根据磁盘的健康状况调整扫描检测频率。第二，根据扫描检测的周期性特点，设计了一种新的基于投票的扇区故障预测方法，以保证预测的准确性。第三，FAS 综合考虑了整盘故障和部分磁盘故障对扫描检测的影响。在真实数据集上的实验结果表明，FAS 可以获得比固定频率的扫描检测方法和当前最优的扫描检测方法更低的扫描检测开销及更高的数据可靠性。具体来说，与固定频率的扫描检测方法进行相比，FAS 可以在降低 49% 的扫描检测开销的情形下，达到与后者相同的可靠性水平；或者在不增加扫描检测开销的情形下，将存储系统的可靠性提高 2.4 倍。此外，与当前最优的扫描检测方法相比，FAS 在降低 32% 的扫描检测开销的情形下，达到与后者相同的可靠性水平。

第5章　总结与展望

5.1　总　　结

随着数据量的迅猛增加，数据中心的数量和规模也在不断提升。这一现状使得数据中心对存储容量的需求逐年递增。磁盘凭借其高容量低价格的优势，成为数据中心存储系统中的主要存储设备。然而,磁盘可靠性的提升并未跟上磁盘数量和磁盘容量的增长，致使磁盘成为数据中心中替换频度最高的硬件设备。本书针对数据中心磁盘存储系统中磁盘整盘故障和扇区故障带来的磁盘可靠性问题，以及利用机器学习进行磁盘故障预测中的可靠性提升和维护开销问题进行研究，主要取得了以下几点研究成果。

一、提出了基于深度生成对抗网络的磁盘故障预测方法 SPA

传统的基于分类的磁盘故障预测方法取得好的预测效果需要两个前提：一是大量的正负样本，二是正负样本数量相当。然而，磁盘故障属于异常事件，使得正样本（故障磁盘）远远少于负样本（健康磁盘），导致数据不均衡。此外，磁盘故障样本的收集是需要时间累积的。在磁盘刚投入使用的早期，故障磁盘的数量不足以满足分类器的训练。带来的问题是，需要大量繁重的数据标签工作，及对磁盘投入使用的前期不适用。SPA 只利用负样本进行训练，绕开了数据不均衡的问题，能够对刚投入使用的磁盘进行故障预测。另外，SPA 基于深度对抗网络，深度模型能够自动挖掘数据特征，微调特性能够实现模型更新。实验表明，相较于传统的基于分类的磁盘故障预测方法，SPA 能够在前期和较长时间内取得更好的预测准确率。该研究成果已经发表在 ICCD' 2019[109] 上。

二、提出了磁盘故障预测中预测错误代价优化方法 VCM

在已有的磁盘故障预测研究中，预测准确率常被用来衡量预测方法的好坏，但却忽略了故障恢复的开销。从数据可靠性维护开销的角度出发，VCM 将价值损失引入磁盘故障预测中，来降低故障恢复的开销。VCM 引入代价敏感学习方法，为误报（将健康磁盘预测为故障磁盘）和漏报（将故障磁盘预测为健康磁盘）分配不同的权重，构建代价敏感的损失函数。进而，利用阈值滑动策略，选择取得最小的代价的阈值，以该阈值为预测阈值，故障概率大于该阈值的为故障磁盘，反之则为健康磁盘。为了将样本级预测结果映射到磁盘级预测结果，提出基于投票的漏桶算法，该算法能够在维持稳定的故障检测率的同时降低误报率，从而进一步降低预测错误代价。实验表明，相比于对错误预测开销不感知的磁盘故障预测方法，VCM 能够大大缩减磁盘故障预测错误代价。该研究成果被 CPE 期刊接受。

三、提出了基于扇区故障预测自适应的磁盘扫描检测策略 FAS

通过对磁盘扇区故障进行预测，并对整盘故障模式进行考量，提出了一种对磁盘整盘故障和扇区故障感知的自适应磁盘扫描检测策略 FAS。FAS 对健康磁盘执行低频率的扫描检测，对故障磁盘进行高频率的扫描检测。此外，基于扫描检测周期性进行的特性，引入了一种基于投票的预测方法，将样本级预测结果映射到磁盘级预测结果。相比于固定频率的磁盘扫描检测，对磁盘故障感知的磁盘扫描检测策略能够更有针对性地对磁盘进行扫描检测。一方面缓解了健康磁盘的扫描检测开销，另一方面缩短了故障磁盘中扇区故障从发生到被发现的时间距离。实验表明，相较于当前最优的扫描检测方法，FAS 能够以更低的扫描检测开销获取更高的数据可靠性。相关研究成果已经发表在 DATE'2019[110] 上，并被 JPDC 期刊接受。

5.2 展　　望

展望未来，预计未来一段时间内，磁盘故障预测的研究包括如下几个方面。

一、继续对磁盘故障预测的准确率进行提升

目前的磁盘故障预测方法大多是基于磁盘 SMART 属性值进行模型训练，

SMART 中所包含的磁盘健康信息对故障预测效果的好坏起着决定性的作用。SMART 只收集到了磁盘内部比较底层的信息，并不包含磁盘外部的应用信息以及环境信息。在磁盘的整盘故障预测和扇区故障预测中加入对这些磁盘外部信息的考量将是提升预测准确率的一个可行方向。另外，将新的机器学习方法应用到磁盘故障预测中的尝试也是值得研究的。

二、对整盘故障和扇区故障进行统一预测

目前对整盘故障和扇区故障的预测是分开进行的，未来可以利用同一预测模型，统一对整盘故障和扇区错误进行预测。在统一模型中，预测结果可以分为三种：无故障、扇区故障、整盘故障。根据预测结果的不同，采取不同的保护措施：对扇区故障盘进行加大频率的扫描检测，对故障磁盘提前进行数据迁移。这种方法的优势是对两种故障同时进行预测，可以减少模型训练及维护的开销。

三、对磁盘故障预测在单盘上的应用进行研究

目前的磁盘故障预测都是针对数据中心中大规模磁盘存储系统的，未来可以将磁盘故障预测应用到单磁盘故障预测的场景中，譬如个人电脑。个人电脑一般只带有单块磁盘，没有进行数据冗余处理，一旦发生磁盘故障将是灾难性的。不同于数据中心磁盘故障预测，单盘故障预测中不存在故障数据，不能够满足二分类的训练要求，可以尝试利用异常检测或迁移学习来完成预测模型的训练。

四、对固态硬盘进行故障预测

除了磁盘外，数据中心固态硬盘的使用量也越来越大。同磁盘故障预测类似，固态硬盘故障预测可利用 SMART 数据、基于机器学习方法构建故障预测模型。但固态硬盘故障率更低，差不多是磁盘故障率的 1/200，所以固态硬盘故障预测受到更严重的样本受限影响。

致　　谢

感谢母校华中科技大学（1037 号森林），在我本科及博士近十年的时光里，母校为我提供的优良的学习、科研和生活环境。

感谢我的导师周可老师在学术上循循善诱的指导，和生活上的无微不至的关怀。周老师学识渊博，常鼓励我寻求更高层次的科研思考，成为一名有执行力和创新力的科研人。周老师平易近人，常和我们打成一片，用他积极向上的生活态度和不畏艰难的处事风格引领我们成长、成熟。感谢实验室邹复好老师、李春花老师、王桦老师和程海燕老师在学术与实验室事务上的帮助与照顾。

感谢实验室已经毕业的博士师兄、师姐与同学们：杨天明博士、黄平博士、赵雨虹博士、王冲博士、刘渝博士、金豪博士、张攀峰博士、刘文杰博士、谢曲波博士、严灵毓博士、曾江峰博士、沈荣博博士。你们埋头科研和认真治学的精神深深影响和鼓舞着我。感谢你们在我学习与科研过程中给予我的不求回报的帮助。祝你们工作顺利，生活美满。特别感谢黄平师兄在学术上的指点和帮扶，让我渐悟科研之道，治学之术。

感谢博士生同学：魏荣磊、孙思、谭小燕、邹云、何铭健、刘莉、汪洋涛、张霁、李晓翠、张煜、顾怡斌、王元彰。在与你们的交流合作中，我得到了生活上的诸多乐趣和科研上的灵感与启发。祝你们快乐学习，多发论文。感谢实验室的已毕业和在读的硕士生同学：李祚衡、何爽、范鹤鹤、王云飞、沈慧羊、饶琦、王兆春、乔宏永、阴智辉、易兴波、关云川。祝你们诸事顺心。

感谢在参加校企合作项目过程中百度公司的同事们和同学们，感谢你们在那段美好的时光里给予的帮助与关怀。感谢意大利 DATE 学术之旅的吴海涛老师和杨天明老师，一起赶火车的画面仍历历在目。

我要特别感谢我的家人，感谢你们的养育之恩，是你们的关心让我感觉无比温暖；感谢你们在我求学过程中所给予的经济和精神上的支持，是你们的尊重与理解给了我前进的动力与勇气。感谢小家庭的陪伴，感谢爱人田雨露的包容和鼓舞，感谢兜兜小朋友带来的喜悦与压力。感谢岳父岳母对我生活、学习和工作的关怀。

感谢读博的这段经历，给了我丰富的人生体验。总结为周而复始的八个词：期待、兴奋、迷茫、挣扎、绝望、坚持、兴奋、期待。

在没有步入博士生涯时，期待未知的生活；
在刚刚步入新的生活后，对一切都很兴奋；
在兴奋的劲头过去之后，对现实产生迷茫；
在内心迷茫消散的同时，挣扎于繁忙业务；
在挣扎无法摆脱困境时，渐渐生出了绝望；
在认识到绝望是逃避后，咬紧牙关地坚持；
在坚持迎来黎明曙光时，为久违的光兴奋；
在兴奋化为坚定信念后，仍期待未来时光。

前路漫漫，未来可期。感谢自己，更感谢你们的陪伴！

参考文献

[1] BARROSO L A, HÖLZLE U. The datacenter as a computer: An introduction to the design of warehouse–scale machines[J]. Synthesis lectures on computer architecture, 2009, 4(1): 1–108.

[2] PINHEIRO E, WEBER W D, BARROSO L A. Failure trends in a large disk drive population[C]// The 5th USENIX Conference on File and Storage Technologies (FAST'07). San Jose, CA, USA: USENIX, February, 2007: 17–23.

[3] GOUSIOS G, SPINELLIS D. Alitheia–core: An extensible software quality monitoring platform[C]//The 31st ACM/IEEE International Conference on Software Engineering (ICSE'09). Vancouver, BC, Canada: IEEE, May, 2009: 579–582.

[4] LI Z, ZHANG H, O'BRIEN L, et al. On evaluating commercial cloud services: A systematic review[J]. Journal of Systems and Software (JSS), 2013, 86(9): 2371–2393.

[5] TRIPATHI R, VIGNESH S, TAMARAPALLI V, et al. Cost efficient design of fault tolerant geo–distributed data centers[J]. IEEE Transactions on Network and Service Management, 2017, 14(2): 289–301.

[6] MATKO V, BREZOVEC B, MILANOVIČ M. Intelligent monitoring of data center physical infrastructure[J]. Applied Sciences, 2019, 9 (23): 1–16.

[7] RASHMI K, SHAH N B, GU D, et al. A solution to the network challenges of data recovery in erasure–coded distributed storage systems: A study on the facebook warehouse cluster[C]//The 5th USENIX Workshop on Hot Topics in Storage and File Systems (HotStorage'13). San Jose, CA, USA: USENIX, June, 2013: 1–5.

[8] VISHWANATH K V, NAGAPPAN N. Characterizing cloud computing hardware reliability[C]// The 1st ACM Symposium on Cloud Computing (SoCC'10). Indianapolis, Indiana, USA: ACM, June, 2010: 193–204.

[9] WANG G, ZHANG L, XU W. What can we learn from four years of data center hardware failures?[C]//The 47th IEEE/IFIP International Conference on Dependable Systems and Networks (DSN'17). Denver, CO, USA: IEEE, June, 2017: 25–36.

[10] PATTERSON D A, GIBSON G, KATZ R H. A case for redundant arrays of inexpensive disks

(raid)[C]//ACM Conference on Management of Data (SIGMOD' 88). Chicago, Illinois, USA: ACM, June, 1988: 109–116.

[11] GHEMAWAT S, GOBIOFF H, LEUNG S T. The google file system [C]//Proceedings of the nineteenth ACM symposium on Operating systems principles (SOSP' 03). Bolton Landing NY USA: ACM, 2003: 29–43.

[12] HUANG C, SIMITCI H, XU Y, et al. Erasure coding in windows azure storage[C]//USENIX Annul Technical Conference (ATC' 12). Boston, MA, USA: USENIX, June, 2012: 15–26.

[13] 杨寅 . 存储系统可靠性关键技术研究 [D]. 武汉 : 华中科技大学，2013.

[14] ECKART B, CHEN X, HE X, et al. Failure prediction models for proactive fault tolerance within storage systems[C]//The 16th IEEE International Symposium on Modeling, Analysis, and Simulation of Computer and Telecommunications Systems (MASCOTS' 08). Baltimore, MD. USA: IEEE, September, 2008: 1–8.

[15] ALLEN B. Monitoring hard disks with smart[J]. Linux Journal, 2004 (117): 74–77.

[16] MURRAY J F, HUGHES G F, KREUTZ–DELGADO K, et al. Machine learning methods for predicting failures in hard drives: A multiple–instance application.[J]. Journal of Machine Learning Research, 2005, 6(5).

[17] HAMERLY G, ELKAN C, et al. Bayesian approaches to failure prediction for disk drives[C]// The 18th International Conference on Machine Learning (ICML' 01). Williamstown, MA, USA: CiteSeer, 2001: 202–209.

[18] HUGHES G F, MURRAY J F, KREUTZ–DELGADO K, et al. Improved disk–drive failure warnings[J]. IEEE Transactions on Reliability, 2002, 51(3): 350–357.

[19] MURRAY J F, HUGHES G F, KREUTZ–DELGADO K. Hard drive failure prediction using non–parametric statistical methods[C]// International Conference on Artificial Neural Networks/ International Conference on Neural Information Processing (ICANN/ICONIP' 03). Istanbul, Turkey: Springer, June, 2003: 1–4.

[20] ZHAO Y, LIU X, GAN S, et al. Predicting disk failures with HMM– and HSMM–based approaches[C]//The 10th Industrial Conference on Advances in Data Mining (ICDM' 10). Berlin, Germany: Springer, July, 2010: 390–404.

[21] ZHU B, WANG G, LIU X, et al. Proactive drive failure prediction for large scale storage systems[C]//The 29th IEEE Conference on Mass Storage Systems and Technologies (MSST' 13). Long Beach, CA, USA: IEEE, May, 2013: 1–5.

[22] PITAKRAT T, VAN HOORN A, GRUNSKE L. A comparison of machine learning algorithms for proactive hard disk drive failure detection[C]//The 4th International ACM SIGSOFT Symposium on Architecting Critical Systems (ISARCS' 13). Vancouver, BC, Canada: ACM, 2013: 1–10.

[23] HALL M, FRANK E, HOLMES G, et al. The weka data mining software: an update[J]. ACM SIGKDD explorations newsletter, 2009, 11(1): 10–18.

[24] LI J, JI X, JIA Y, et al. Hard drive failure prediction using classification and regression trees[C]// The 44th Annual IEEE/IFIP International Conference on Dependable Systems and Networks (DSN' 14). Atlanta, Georgia, USA: IEEE, June, 2014: 383–394.

[25] XU C, WANG G, LIU X, et al. Health status assessment and failure prediction for hard drives with recurrent neural networks[J]. IEEE Transactions on Computers (TOC), 2016, 65(11): 3502–3508.

[26] BOTEZATU M M, GIURGIU I, BOGOJESKA J, et al. Predicting disk replacement towards reliable data centers[C]//The 22nd ACM SIGKDD International Knowledge Discovery and Data Mining (SIGKDD' 16). San Francisco, CA, USA: ACM, August, 2016: 39–48.

[27] ZHANG J, ZHOU K, HUANG P, et al. Transfer learning based failure prediction for minority disks in large data centers of heterogeneous disk systems[C]//The 48th International Conference on Parallel Processing (ICPP' 19). Kyoto, Japan: IEEE, August, 2019: 66–75.

[28] XU Y, SUI K, YAO R, et al. Improving service availability of cloud systems by predicting disk error[C]//USENIX Annul Technical Conference (ATC' 18). Boston, MA, USA: USENIX, July, 2018: 481–494.

[29] XIAO J, XIONG Z, WU S, et al. Disk failure prediction in data centers via online learning[C]//The 47th International Conference on Parallel Processing (ICPP' 18). Eugene, Oregon, USA: ACM, August, 2018: 1–10.

[30] WU S, JIANG H, MAO B. Proactive data migration for improved storage availability in large-scale data centers[J]. IEEE Transactions on Computers (TOC), 2015, 64(9): 2637–2651.

[31] JI X, MA Y, MA R, et al. A proactive fault tolerance scheme for large scale storage systems[C]// The 15th International Conference on Algorithms and Architectures for Parallel Processing (ICA3PP' 15). Zhangjiajie, China: Springer, November, 2015: 337–350.

[32] LI J, STONES R J, WANG G, et al. Being accurate is not enough: New metrics for disk failure prediction[C]//IEEE International Symposium on Reliable Distributed Systems (SRDS' 16). Budapest, Hungary: IEEE, September, 2016: 71–80.

[33] LI J, STONES R J, WANG G, et al. New metrics for disk failure prediction that go beyond prediction accuracy[J]. IEEE Access, 2018 (6): 76627–76639.

[34] LI P, LI J, STONES R J, et al. Procode: A proactive erasure coding scheme for cloud storage systems[C]//IEEE International Symposium on Reliable Distributed Systems (SRDS' 16). Budapest, Hungary: IEEE, September, 2016: 219–228.

[35] GUNAWI H S, SUMINTO R O, SEARS R, et al. Fail–slow at scale: Evidence of hardware performance faults in large production systems [J]. ACM Transactions on Storage (TOS), 2018, 14(3): 1–23.

[36] MAHDISOLTANI F, STEFANOVICI I, SCHROEDER B. Proactive error prediction to improve storage system reliability[C]//USENIX Annul Technical Conference (ATC'17). Santa Clara, CA, United States: USENIX, July, 2017: 391–402.

[37] KOTSIANTIS S, KANELLOPOULOS D, PINTELAS P, et al. Handling imbalanced datasets: A review[J]. GESTS International Transactions on Computer Science and Engineering, 2006, 30(1): 25–36.

[38] HAIXIANG G, YIJING L, SHANG J, et al. Learning from class–imbalanced data: Review of methods and applications[J]. Expert Systems with Applications, 2017, 73: 220–239.

[39] SUN Y, WONG A K, KAMEL M S. Classification of imbalanced data: A review[J]. International Journal of Pattern Recognition and Artificial Intelligence, 2009, 23(4): 687–719.

[40] HUANG C, LI Y, CHANGE LOY C, et al. Learning deep representation for imbalanced classification[C]//The 29th IEEE Conference on Computer Vision and Pattern Recognition (CVPR'16). Las Vegas, Nevada, USA: IEEE, June, 2016: 5375–5384.

[41] KUBAT M, MATWIN S, et al. Addressing the curse of imbalanced training sets: one–sided selection[C]//The 4th International Conference on Machine Learning (ICML'97): volume 97. New York City, New York, USA: ACM, August, 1997: 179–186.

[42] LING C X, LI C. Data mining for direct marketing: Problems and solutions[C]//Kdd: volume 98. New York City, New York, USA: ACM, 1998: 73–79.

[43] CHAWLA N V, BOWYER K W, HALL L O, et al. Smote: synthetic minority over–sampling technique[J]. Journal of artificial intelligence research, 2002 (16): 321–357.

[44] DRUMMOND C, HOLTE R C, et al. C4. 5, class imbalance, and cost sensitivity: why under–sampling beats over–sampling[C]//Workshop on learning from imbalanced datasets II. Washington, DC, USA: CiteSeer, 2003: 1–8.

[45] OZA N C. Online bagging and boosting[C]//IEEE International Conference on Systems, Man, and Cybernetics (SMC'05). Waikoloa, HI, USA: IEEE, October, 2005: 2340–2345.

[46] HARRELL JR F E, LEE K L, CALIFF R M, et al. Regression modelling strategies for improved prognostic prediction[J]. Statistics in medicine, 1984, 3(2): 143–152.

[47] LINDEN G, SMITH B R, YORK J C. Amazon.com recommendations: item–to–item collaborative filtering[J]. IEEE Internet Computing, 2003, 7(1): 76–80.

[48] SCHEIN A I, POPESCUL A, UNGAR L H, et al. Methods and metrics for cold–start recommendations[C]//The 25th Annual International ACM SIGIR Conference on Research and Development in Information Retrieval (SIGIR'02). Tampere, Finland: ACM, August, 2002: 253–260.

[49] LAM X N, VU T, LE T D, et al. Addressing cold–start problem in recommendation systems[C]// The 2nd International Conference on Ubiquitous Information Management and Communication

(ICUIMC'08). Suwon, Korea: ACM, January, 2008: 208–211.

[50] 朱炳鹏. 大规模存储系统硬盘故障预测方法研究 [D]. 天津 : 南开大学，2014.

[51] SCHMIDHUBER J. Deep learning in neural networks: An overview [J]. Neural Networks, 2015, 61: 85–117.

[52] LECUN Y, BENGIO Y, HINTON G. Deep learning[J]. Nature, 2015, 521(7553): 436–444.

[53] GU J, WANG Z, KUEN J, et al. Recent advances in convolutional neural networks[J]. Pattern Recognition, 2018, 77: 354–377.

[54] RUSSAKOVSKY O, DENG J, SU H, et al. ImageNet large scale visual recognition challenge[J]. International journal of computer vision, 2015, 115(3): 211–252.

[55] ZHANG X, LI Z, CHANGE LOY C, et al. PolyNet: A pursuit of structural diversity in very deep networks[C]//Proceedings of the IEEE Conference on Computer Vision and Pattern Recognition (CVPR'17). Honolulu, Hawaii, USA: IEEE, July, 2017: 718–726.

[56] KRIZHEVSKY A, SUTSKEVER I, HINTON G E. ImageNet classification with deep convolutional neural networks[J]. Advances in neural information processing systems, 2012, 25: 1097–1105.

[57] GOODFELLOW I, POUGET–ABADIE J, MIRZA M, et al. Generative adversarial nets[C]// The 28th Annual Conference on Neural Information Processing Systems (NIPs'14). Montreal, Canada: MIT Press, December, 2014: 2672–2680.

[58] MAKHZANI A, SHLENS J, JAITLY N, et al. Adversarial autoencoders[J]. arXiv preprint arXiv:1511.05644, 2015, 1–16.

[59] MIRZA M, OSINDERO S. Conditional generative adversarial nets[J]. arXiv preprint arXiv:1411.1784, 2014, 1–7.

[60] CRESWELL A, WHITE T, DUMOULIN V, et al. Generative adversarial networks: An overview[J]. IEEE Signal Processing Magazine, 2018, 35(1): 53–65.

[61] XU J, TANG B, HE H, et al. Semisupervised feature selection based on relevance and redundancy criteria[J]. IEEE Transactions on Neural Networks and Learning Systems, 2016, 28(9): 1974–1984.

[62] HA S, YUN J M, CHOI S. Multi–modal convolutional neural networks for activity recognition[C]//IEEE International Conference on Systems, Man, and Cybernetics (SMC'15). Hong Kong, China: IEEE, October, 2015: 3017–3022.

[63] HA S, CHOI S. Convolutional neural networks for human activity recognition using multiple accelerometer and gyroscope sensors[C]// International Joint Conference on Neural Networks (IJCNN'16). Vancouver, BC, Canada: IEEE, July, 2016: 381–388.

[64] AKCAY S, ATAPOUR–ABARGHOUEI A, BRECKON T P. GANomaly: Semi–supervised anomaly detection via adversarial training[J]. arXiv preprint arXiv:1805.06725, 2018, 1–14.

[65] CHANG C C, LIN C J. LibsVM: a library for support vector machines [J]. ACM Transactions on Intelligent Systems and Technology, 2011, 2(3): 27:1–27:27.

[66] NAIR V, HINTON G E. Rectified linear units improve restricted boltzmann machines[C]//The 27th International Conference on Machine Learning (ICML'10). Haifa, Israel: ACM, June, 2010: 807–814.

[67] KINGMA D P, BA J. Adam: A method for stochastic optimization [J]. arXiv preprint arXiv:1412.6980, 2014, 1–15.

[68] KRAWCZYK B. Learning from imbalanced data: open challenges and future directions[J]. Progress in Artificial Intelligence, 2016, 5(4): 221–232.

[69] HE H, GARCIA E A. Learning from imbalanced data[J]. IEEE Transactions on Knowledge and Data Engineering, 2009, 21(9): 1263–1284.

[70] HUANG Z, JIANG H, ZHOU K, et al. Xi–code: A family of practical lowest density MDS array codes of distance 4[J]. IEEE Transactions on Communications, 2016, 64(7): 2707–2718.

[71] QIN A, HU D, LIU J, et al. Fatman: Cost–saving and reliable archival storage based on volunteer resources[J]. Proceedings of the VLDB Endowment, 2014, 7(13): 1748–1753.

[72] QIAN J, SKELTON S, MOORE J, et al. P3: Priority based proactive prediction for soon–to–fail disks[C]//The 10th International Conference on Networking, Architecture, and Storage (NAS'15). Boston, MA, USA: IEEE, August, 2015: 81–86.

[73] FAN J, UPADHYE S, WORSTER A. Understanding receiver operating characteristic (ROS) curves[J]. Canadian Journal of Emergency Medicine, 2006, 8(1): 19–20.

[74] OGLESBY J. What's in a number? moving beyond the equal error rate[J]. Speech communication, 1995, 17(1–2): 193–208.

[75] SUN Y, KAMEL M S, WONG A K, et al. Cost–sensitive boosting for classification of imbalanced data[J]. Pattern Recognition, 2007, 40 (12): 3358–3378.

[76] THACH N H, ROJANAVASU P, PINNGERN O. Cost–Xensitive XCS classifier system addressing imbalance problems[C]//The 5th Fuzzy Systems and Knowledge Discovery (FSKD'08). Jinan, China: IEEE, October, 2008: 132–136.

[77] ZHOU Z H, LIU X Y. Training cost–sensitive neural networks with methods addressing the class imbalance problem[J]. IEEE Transactions on Knowledge and Data Engineering, 2006, 18(1): 63–77.

[78] ZHOU Z H, LIU X Y. On multi–class cost–sensitive learning[J]. Computational Intelligence, 2010, 26(3): 232–257.

[79] PRATI R C, BATISTA G E, SILVA D F. Class imbalance revisited: a new experimental setup to assess the performance of treatment methods[J]. Knowledge and Information Systems, 2015, 45(1): 247–270.

[80] MCCARTHY K, ZABAR B, WEISS G. Does cost–sensitive learning beat sampling for classifying rare classes?[C]//The 1st International Workshop on Utility–based Data Mining. Chicago, Illinois, USA: ACM, August, 2005: 69–77.

[81] GREIG D M, PORTEOUS B T, SEHEULT A H. Exact maximum a posteriori estimation for binary images[J]. Journal of the Royal Statistical Society: Series B (Methodological), 1989, 51(2): 271–279.

[82] ELKAN C. The foundations of cost–sensitive learning[C]// International Joint Conference on Artificial Intelligence (IJCAI' 01). Seattle, WA, USA: Morgan Kaufmann, August, 2001: 973–978.

[83] WEISS G M, PROVOST F. Learning when training data are costly: the effect of class distribution on tree induction[J]. Journal of artificial intelligence research, 2003, 19: 315–354.

[84] CHEN J J, TSAI C, MOON H, et al. Decision threshold adjustment in class prediction[J]. SAR and QSAR in Environmental Research, 2006, 17(3): 337–352.

[85] GONÇALVES L, SUBTIL A, OLIVEIRA M R, et al. Roc curve estimation: An overview[J]. REVSTAT – Statistical Journal, 2014, 12 (1): 1–20.

[86] CHAO H J. Design of leaky bucket access control schemes in atm networks[C]//IEEE International Conference on Communications (ICC' 91). Denver, CO, USA: IEEE, 1991: 180–187.

[87] BOORSTYN R R, BURCHARD A, LIEBEHERR J, et al. Statistical service assurances for traffic scheduling algorithms[J]. IEEE Journal on Selected Areas in Communications, 2000, 18(12): 2651–2664.

[88] NGUYEN T, KHATRI M. System and method for predictive failure detection[P]. US Patent: 7,702,971, 2010. 1–7.

[89] YANG W, HU D, LIU Y, et al. Hard drive failure prediction using big data[C]//The 34th IEEE International Symposium on Reliable Distributed Systems Workshops (SRDSW' 15). Montreal, Quebec, Canada: IEEE, September, 2015: 13–18.

[90] CHEADLE C, VAWTER M P, FREED W J, et al. Analysis of microarray data using z score transformation[J]. the Journal of molecular diagnostics, 2003, 5(2): 73–81.

[91] ILIADIS I, HAAS R, HU X Y, et al. Disk scrubbing versus intra–disk redundancy for raid storage systems[J]. ACM Transactions on Storage (TOS), 2011, 7(2): 5:1–5:42.

[92] BAKER M, SHAH M, ROSENTHAL D S, et al. A fresh look at the reliability of long–term digital storage[C]//The 1st ACM SIGOPS/EuroSys European Conference on Computer Systems (EuroSys' 06). Leuven Belgium: ACM, April, 2006: 221–234.

[93] HAFNER J L, DEENADHAYALAN V, RAO K, et al. Matrix methods for lost data reconstruction in erasure codes.[C]//The 4th USENIX Conference on File and Storage Technologies (FAST'05).

San Francisco, CA, USA: USENIX, December, 2005: 15–30.

[94] MEZA J, WU Q, KUMAR S, et al. A large–scale study of flash memory failures in the field[C]// ACM SIGMETRICS Performance Evaluation Review. Portland, OR, USA: ACM, June, 2015: 177–190.

[95] SCHROEDER B, LAGISETTY R, MERCHANT A. Flash reliability in production: the expected and the unexpected[C]//The 14th USENIX Conference on File and Storage Technologies (FAST' 16). Santa Clara, CA, USA: USENIX, February, 2016: 67–80.

[96] BAIRAVASUNDARAM L N, GOODSON G R, PASUPATHY S, et al. An analysis of latent sector errors in disk drives[C]//Proceedings of the 2007 ACM SIGMETRICS international conference on Measurement and modeling of computer systems. New York, NY, United States: ACM, 2007: 289–300.

[97] OPREA A, JUELS A. A clean–slate look at disk scrubbing[C]//The 8th USENIX Conference on File and Storage Technologies (FAST' 10). San Jose, CA, USA: USENIX, February, 2010: 57–70.

[98] ILIADIS I, HAAS R, HU X Y, et al. Disk scrubbing versus intra–disk redundancy for high–reliability raid storage systems[J]. ACM SIGMETRICS Performance Evaluation Review, 2008, 36(1): 241–252.

[99] DHOLAKIA A, ELEFTHERIOU E, HU X Y, et al. A new intra–disk redundancy scheme for high–reliability raid storage systems in the presence of unrecoverable errors[J]. ACM Transactions on Storage (TOS), 2008, 4(1): 1–42.

[100] NACHIAPPAN R, JAVADI B, CALHEIROS R N, et al. Cloud storage reliability for big data applications: A state of the art survey[J]. Journal of Network and Computer Applications, 2017, 97: 35–47.

[101] AMVROSIADIS G, OPREA A, SCHROEDER B. Practical scrubbing: Getting to the bad sector at the right time[C]//The 42nd Annual IEEE/IFIP International Conference on Dependable Systems and Networks (DSN' 12). Boston, MA, USA: IEEE, June, 2012: 1–12.

[102] SCHROEDER B, GIBSON G A. Disk failures in the real world: What does an MTTF of 1, 000, 000 hours mean to you?[C]//The 5th USENIX Conference on File and Storage Technologies (FAST' 07). San Jose, CA, USA: USENIX, February, 2007: 1–16.

[103] SCHROEDER B, DAMOURAS S, GILL P. Understanding latent sector errors and how to protect against them[C]//The 8th USENIX Conference on File and Storage Technologies (FAST' 10). San Jose, CA, USA: USENIX, February, 2010: 71–84.

[104] LIU J, ZHOU K, PANG L, et al. A novel cost–effective disk scrubbing scheme[C]//The 5th International Joint Conference on INC, IMS and IDC (NCM' 09). Seoul, South Korea: IEEE,

August, 2009: 686–691.

[105] 刘军平 . 磁盘存储系统可靠性技术研究 :[D]. 武汉 : 华中科技大学，2011.

[106] SCHWARZ T J, XIN Q, MILLER E L, et al. Disk scrubbing in large archival storage systems[C]//The 12th IEEE International Symposium on Modeling, Analysis, and Simulation of Computer and Telecommunications Systems (MASCOTS' 04). Volendam, Netherlands: IEEE, October, 2004: 409–418.

[107] MI N, RISKA A, SMIRNI E, et al. Enhancing data availability in disk drives through background activities[C]//The 38th Annual IEEE/IFIP International Conference on Dependable Systems and Networks (DSN' 08). Anchorage, Alaska, USA: IEEE, June, 2008: 492–501.

[108] LIU J, ZHOU K, WANG Z, et al. Modeling the impact of disk scrubbing on storage system.[J]. Journal of Computers, 2010, 5(11): 1629–1637.

[109] JIANG T, ZENG J, ZHOU K, et al. Lifelong disk failure prediction via gan–based anomaly detection[C]//The 37th International Conference on Computer Design (ICCD' 19). Abu Dhabi, United Arab Emirates: IEEE, November, 2019: 199–207.

[110] TIANMING JIANG P H, ZHOU K. Scrub unleveling: Achieving high data reliability at low scrubbing cost[C]//Design, Automation and Test in Europe Conference (DATE' 19). Florence, Italy: ACM, March, 2019: 1390–1395.

附录 1 攻读学位期间发表论文目录

[1] **Tianming Jiang**, Ping Huang, Ke Zhou.Scrub Unleveling: Achieving High Data Reliability at Low Scrubbing Cost. The 22nd Design, Automation & Test in Europe Conference & Exhibition（DATE）, Florence, Italy, March 25–29, 2019. IEEE, 1403–1408.（EI 检索, CCF 推荐 B 类国际会议）

[2] **Tianming Jiang**, Jiangfeng Zeng, KeZhou, PingHuang, TianmingYang.Lifelong Disk Failure Prediction via GAN–based Anomaly Detection. The 37th International Conference on Computer Design（ICCD）, Abu Dhabi, United Arab Emirates, Novem–ber17–20, 2019.IEEE, 199–207.（EI 检索, CCF 推荐 B 类国际会议）

[3] **Tianming Jiang**, Ping Huang, Ke Zhou. Cost–Efficiency Disk Failure Prediction via Threshold–Moving.Concurrency and Computation: Practice and Experience（CPE）.（已录用, SCI 检索, CCF 推荐 C 类期刊）

[4] **Tianming Jiang**, Ping Huang, Ke Zhou.Achieving High Data Reliability at Low Scrubbing Cost via Failure–Aware Scrubbing. Journal of Parallel and Distributed Computing（JPDC）.（已录用, SCI 检索, CCF 推荐 B 类期刊）

附录 2　攻读博士学位期间申请的发明专利和其他成果

[1] 周可，江天明 . 一种磁盘扇区故障检测方法、装置及设备。中国发明专利，专利申请号：
2019102048.9，申请人：华中科技大学。

[2] 周可，江天明，王桦，李春花，关云川 . 一种磁盘故障预测方法、装置、设备及存储介质。
中国发明专利，专利申请号：201911122229.1，申请人：华中科技大学。

附录 3　攻读博士学位期间参与的科研项目

[1] 大数据存储系统与技术 . 国家自然科学基金创新群体项目 . 项目编号：No.61821003.

附录4　英文缩略及含义

RAID, Redundant Arrays of Independent Drives	冗余磁盘阵列
EC, Erasure Coding	纠删码
QoS, Quality of Service	服务质量
MTTF, Mean Time To Failure	平均失效时间
MTTR, Mean Time To Repair	平均修复时间
MTBF, Mean Time Between Failure	平均无故障时间
MTTDL, Mean Time To Data Loss	平均数据丢失时间
SMART, Self-Monitoring, Analysis and Reporting Technology	自我监控、分析及报告技术
FDR, Failure Detection Rate	故障检测率
FAR, False Alarm Rate	误报率
FNR, False Negative Rate	假阴率
FPR, False Positive Rate	假阳率
ROC, Receiver Operating Characteristic Curve	接受者操作曲线
AUC, Area Under ROC Curve	接受者操作曲线下的面积
MCTR, Mean Cost To Recovery	平均修复开销
SVM, Support Vector Machine	支持向量机
LR, Logistical regression	逻辑回归
BP, Back Propagation Neural Network	反向传播神经网络
RF, Random Forest	随机森林
CART, Classification and Regression Tree	分类与回归树
GBDT, Gradient Boosting Decision Tree	梯度提升树
ORF, Online Random Forest	在线随机森林
SGD, Stochastic Gradient Descent	随机梯度下降
DNN, Deep Neural Network	深度神经网络
CNN, Convolutional Neural Network	卷积神经网络
GAN, Generative Adversarial Detector	生成对抗网络
G, Generator	生成器
D, Discriminator	判别器
AAE, Adversarial Auto-Encoders	对抗自编码网络
POH, Power On Hour	磁盘上电时间
MTTD, Mean Time To Detection	平均发现时间